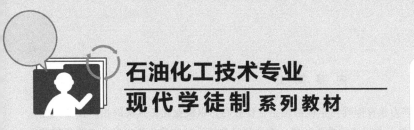

连续重整装置操作技术

孙志岩　代博宁　主编

化学工业出版社
·北京·

内 容 简 介

《连续重整装置操作技术》一书为教育部现代学徒制校企合作教材,以浩业化工真实的生产任务为基础进行编写。全书共分八章:认识浩业化工连续重整装置、浩业化工连续重整装置生产方案、连续重整装置的工艺基础、连续重整车间安全生产注意事项、连续重整装置工艺流程、连续重整装置转动设备、连续重整装置DCS仿真操作和连续重整装置工艺考核。本书专业性较强、内容贴合现场实际,可满足专业化教学需求。

本书可作为石油化工技术专业师生教学用书,也可供石化企业的相关操作人员参考。

图书在版编目(CIP)数据

连续重整装置操作技术/孙志岩,代博宁主编.—北京:化学工业出版社,2019.10
ISBN 978-7-122-35350-4

Ⅰ.①连… Ⅱ.①孙…②代… Ⅲ.①石油炼制-连续催化重整-高等职业教育-教材 Ⅳ.①TE624.4

中国版本图书馆CIP数据核字(2019)第223222号

责任编辑:王海燕 　　　　　　　　文字编辑:林　丹　姚子丽
责任校对:宋　玮 　　　　　　　　装帧设计:王晓宇

出版发行:化学工业出版社(北京市东城区青年湖南街13号　邮政编码100011)
印　　装:涿州市般润文化传播有限公司
787mm×1092mm　1/16　印张11　字数258千字　2020年12月北京第1版第1次印刷

购书咨询:010-64518888　　　　　　　售后服务:010-64518899
网　　址:http://www.cip.com.cn
凡购买本书,如有缺损质量问题,本社销售中心负责调换。

定　价:45.00元　　　　　　　　　　　　　　　　　版权所有　违者必究

序言

2014年2月26日，国务院常务会议确定了加快发展现代职业教育的任务措施，提出"开展校企联合招生、联合培养的现代学徒制试点"。《国务院关于加快发展现代职业教育的决定》对"开展校企联合招生、联合培养的现代学徒制试点，完善支持政策，推进校企一体化育人"做出具体要求，标志着现代学徒制已经成为国家人力资源开发的重要战略。

2014年8月，教育部印发《关于开展现代学徒制试点工作的意见》，制订了工作方案。

2015年7月24日，人力资源与社会保障部、财政部联合印发了《关于开展企业新型学徒制试点工作的通知》，对以企业为主导开展的学徒制进行了安排。发改委、教育部、人社部联合国家开发银行印发了《老工业基地产业转型技术技能人才双元培育改革试点方案》，核心内容也是校企合作育人。

现代学徒制有利于促进行业、企业参与职业教育人才培养全过程，以形成校企分工合作、协同育人、共同发展的长效机制为着力点，以注重整体谋划、增强政策协调、鼓励基层首创为手段，通过试点、总结、完善、推广，形成具有中国特色的现代学徒制度。

2015年8月5日，教育部遴选165家单位作为首批现代学徒制试点单位和行业试点牵头单位。

2017年8月23日，教育部确定第二批203个现代学徒制试点单位。辽宁石化职业技术学院成为现代学徒制试点建设单位之一。

2019年7月1日，教育部确定辽宁石化职业技术学院石油化工技术专业为首批120个国家级职业教育教师教学创新团队立项建设单位之一。2020年7月3日，齐向阳作为负责人申报的《石油化工技术专业现代学徒制人才培养方案及教材开发》获批国家级职业教育教师教学创新团队课题研究项目（课题编号YB2020090202）。

辽宁石化职业技术学院与盘锦浩业化工有限公司校企合作，共同研讨石油化工技术专业课程体系建设，充分发挥企业在现代学徒制实施过程中的主体地位，坚持岗位成才的培养方式，按照工学交替的教学组织形式，初步完成基于工作过程的工作手册式教材尝试。

本系列教材是首批国家级职业教育教师教学创新团队课题研究项目、教育部第二批现代学徒制试点建设项目、辽宁省职业教育"双师型"名师工作室和教师技艺技能传承创新平台、盘锦浩业化工有限公司职工创新工作室的建设成果。力求体现企业岗位需求，将理论与实践有机融合，将学校学习内容和企业工作内容相互贯通。教材内容的选取遵循学生职业成长发展规律和认知规律，按职业能力培养的层次性、递进性序化教材内容；以企业岗位能力要求及实际工作中的典型工作任务为基础，从工作任务出发设计教材结构。

本系列教材在撰写过程中，参考和借鉴了国内现代学徒制的研究成果，借本书出版之际，特表示感谢。由于编者水平有限，加之现代学徒制试点经验不足，方向把握不准，难免存在漏误，敬请专家、读者批评指正。

辽宁石化职业技术学院
2020年8月

前言

辽宁石化职业技术学院2017年联合盘锦浩业化工有限公司开展现代学徒制培养石油化工技术专业人才的计划，当年获批为教育部第二批现代学徒制试点单位。

盘锦浩业化工有限公司现拥有140万吨/年连续重整装置一套，采用法国IFP技术路线，在专业领域处于领先地位。为配合现场生产工艺，贴近实际化教学，更新滞后专业内容，更好地为现代学徒制培养计划服务，编写团队联合浩业化工技术人员对技能操作内容进行了总结与汇编。

本书在原有工艺理论基础上，加入了与实际生产操作相关的内容，由浅入深、循序渐进，从装置介绍、生产方案、工艺基础、安全生产、工艺流程、核心设备、仿真操作及典型习题八个方面展开。内容基本涵盖了连续重整装置操作的技术要点，并为工艺模拟、习题练习提供了信息化资源，指导读者更好地利用本书进行工艺学习。

本书是教育部首批国家级职业教育教师教学创新团队课题研究项目、第二批现代学徒制试点建设项目、辽宁省职业教育"双师型"名师工作室和教师技艺技能传承创新平台、盘锦浩业化工有限公司职工创新工作室的建设成果。由辽宁石化职业技术学院孙志岩和盘锦浩业化工有限公司代博宁担任主编，负责全书内容规划和统稿；辽宁石化职业技术学院孙志岩编写了第2章、第3章、第5章、第6章、第7章；盘锦浩业化工有限公司代博宁编写了第1章、第4章；辽宁石化职业技术学院刘小隽、孙晓琳、杜凤、张辉编写了第8章；大连理工大学孟凡宁提供了连续重整工艺的技术及发展趋势资料。

本书在编写过程中，得到了辽宁石化职业技术学院领导和老师、盘锦浩业化工有限公司工程技术人员、化学工业出版社的支持和帮助，在此表示衷心感谢。由于现代学徒制人才培养工作还处于实践探索阶段，书中难免存在欠妥之处，敬请广大读者批评指正。

编　者
2020年8月

目录

第1章 认识浩业化工连续重整装置 ·············· 1

1.1 盘锦浩业化工有限公司连续重整车间简介 ·············· 1
1.2 催化重整生产工艺简介 ·············· 2

第2章 浩业化工连续重整装置生产方案 ·············· 3

2.1 连续重整装置的工艺方案 ·············· 3
2.2 连续重整装置的技术方案 ·············· 4

第3章 连续重整装置的工艺基础 ·············· 6

3.1 连续重整装置的原料及产品 ·············· 6
3.2 重整原料预处理 ·············· 11
3.3 连续重整装置预加氢单元反应机理 ·············· 12
3.4 连续重整装置重整反应单元反应机理 ·············· 15
3.5 连续重整装置催化剂再生单元反应机理 ·············· 19
3.6 连续重整装置异构化反应机理、PSA机理及抽提机理 ·············· 23

第4章 连续重整车间安全生产注意事项 ·············· 29

4.1 连续重整装置安全技术 ·············· 29
4.2 连续重整装置的重大危险源及防范措施与现场急救 ·············· 33
4.3 连续重整装置特殊作业时的安全规范 ·············· 35
4.4 连续重整装置现场用火作业安全要求 ·············· 39
4.5 连续重整装置现场的环境保护 ·············· 40

第5章 连续重整装置工艺流程 ·············· 47

5.1 连续重整装置预加氢单元流程 ·············· 47
5.2 连续重整装置重整反应-分馏单元流程 ·············· 49
5.3 连续重整装置重整抽提单元流程 ·············· 52

5.4 连续重整装置重整异构化单元流程 56
5.5 连续重整装置 PSA 单元流程 58
5.6 连续重整装置催化剂再生部分流程 60

第6章 连续重整装置转动设备 62

6.1 普通离心泵 62
6.2 液下泵 66
6.3 隔膜计量泵 69
6.4 柱塞计量泵 71
6.5 螺杆泵、齿轮泵 73
6.6 屏蔽泵 75
6.7 重整循环氢压缩机（ST111-K-201） 78
6.8 重整氢增压机（ST112-K-202） 89
6.9 预加氢循环压缩机（601-K-101A/B） 103
6.10 异构化循环压缩机（701-K-101A/B） 109

第7章 连续重整装置 DCS 仿真操作 114

7.1 连续重整工艺仿真平台简介 114
7.2 连续重整工艺 DCS 仿真简介 120
7.3 连续重整工艺 DCS 仿真练习 124

第8章 连续重整装置工艺考核 136

8.1 连续重整工艺现场问答 136
8.2 连续重整工艺线上答题 138
8.3 连续重整工艺仿真测验 138

附录 147

附图 163

参考文献 170

第1章 认识浩业化工连续重整装置

1.1 盘锦浩业化工有限公司连续重整车间简介

盘锦浩业化工有限公司连续重整装置由洛阳瑞泽石化工程有限公司设计，以直馏石脑油（石脑油又称粗汽油）、外购石脑油和加氢装置石脑油、加氢裂化石脑油、焦化石脑油为原料，生产苯、甲苯、二甲苯和高辛烷值汽油组分，并副产氢气、液化石油气。

1.1.1 装置规模及年开工时数

① 预加氢部分生产规模为140万吨/年（以预加氢进料计）。
② 重整部分生产规模为100万吨/年（以重整进料计）。
③ 再生部分催化剂的循环量为900kg/h（以催化剂循环量计）。
④ 后分馏部分生产规模为85万吨/年（以脱戊烷塔进料计）。
⑤ 芳烃抽提部分生产规模为35万吨/年（以抽提进料计）。
⑥ 芳烃精馏部分生产规模为25万吨/年（以苯塔进料计）。
⑦ 异构化部分生产规模为30万吨/年（以进料计）。
⑧ 本装置年开工时数为8000h。

1.1.2 装置布置

预加氢部分、重整部分、再生部分、后分馏部分、芳烃抽提部分、芳烃精馏部分、异构化部分、公用工程、热工部分和PSA（变压吸附）组成联合装置。

1.1.3 装置组成

本装置分为预加氢、重整、PSA、再生、后分馏、芳烃抽提、芳烃精馏、异构化、公用工程和热工共十个部分。

① 预加氢部分：包括脱氧塔、石脑油加氢反应、脱硫塔和石脑油分馏塔。
② 重整部分：包括重整反应、氢气再接触、稳定塔。
③ PSA部分：包括预吸附、吸附以及解吸部分。

④ 催化剂再生部分：包括催化剂循环、催化剂粉尘分离、催化剂烧焦、催化剂氯化、催化剂焙烧和催化剂还原。

⑤ 后分馏部分：包括脱戊烷塔、脱庚烷塔、二甲苯塔。

⑥ 芳烃抽提部分：包括抽提塔、抽余油水洗塔、汽提塔、回收塔、水汽提塔、溶剂再生塔、白土塔。

⑦ 芳烃精馏部分：包括苯塔、甲苯塔。

⑧ 异构化部分：包括脱异戊烷塔、抽余油切割塔、原料及循环氢干燥、异构化反应和稳定塔。

⑨ 公用工程部分：包括1.0MPa蒸汽、3.5MPa蒸汽、脱盐水、除氧水、循环水、低压氮气、中压氮气、再生氮气、净化压缩空气、非净化压缩空气、燃料气、酸性水、放空气、含油污水。

⑩ 热工部分：包括四合一重整炉、中压汽包。

1.2 催化重整生产工艺简介

催化重整（catalytic reforming）工艺是炼油和石油化工重要的工艺之一，它以石脑油为原料，通过临氢催化剂反应生成富含芳烃的重整生成油，同时副产氢气和液化石油气。重整生成油可直接作为汽油的调和组分，也可经芳烃抽提或其他转化及分离工艺制取芳烃产品——苯、甲苯、二甲苯，作为石油化工的基本原料。副产氢气是炼厂用氢的主要来源。

催化重整装置按其生产目的，可分为生产高辛烷值汽油或生产石油化工原料——芳烃两大类，目的不同其构成也不相同。对于以生产高辛烷值汽油为目的的催化重整装置包括原料预处理、催化重整反应部分和产品稳定部分。在以生产芳烃为目的时，还包括芳烃抽提和精馏装置。

近年来，由于炼厂中加氢工艺日益增多，要求连续地、稳定地供应高浓度的氢气，同时也为了解决随着苛刻度增加收率下降的矛盾，美国环球油品公司于20世纪60年代着手开发研究新的方式，该公司和法国石油研究院分别于1971年和1973年建成了各自的第一套催化剂连续再生的催化重整装置。

连续再生工艺流程与半再生和循环再生流程不同的是除反应器外还设有一个再生器。反应器为移动床，催化剂在反应器和再生器之间流动。催化剂连续地从反应器下部汽提到再生器内再生，再生后催化剂返回到第一个反应器。由于重整能在接近新鲜催化剂条件下进行操作，因此重整油和氢产率可达到最高。装置压力为0.35～1.7MPa，（氢/油）摩尔比为3.3～4.0，RON（辛烷值）为95～108。

第2章 浩业化工连续重整装置生产方案

2.1 连续重整装置的工艺方案

2.1.1 预加氢部分

该部分加工常压、加氢和焦化石脑油,采用全馏分加氢工艺,选用雅保公司(Albemarle Corporation)提供的 KF-851 高活性 Ni、Mo 催化剂。另外为使生产过程中实现稳定的压降和理想的流体分布,雅保公司提出了由高孔隙的惰性瓷球和活性环组成的保护剂方案。该保护剂方案采用稀相装填。

2.1.2 重整部分

①重整装置采用石油化工科学研究院开发的 PS-Ⅵ 催化剂。
②设置氢气再接触工艺流程,以提高副产品氢气的纯度。

2.1.3 催化剂再生部分

催化剂再生部分采用国产超低压催化剂再生工艺,采用两段逆流离心式再生器,以确保超低压、高苛刻度连续重整工艺的实施。

2.1.4 后分馏部分

设置脱戊烷塔、脱庚烷塔、二甲苯塔。采用精馏的方法分馏出戊烷油、$C_6 \sim C_7$ 馏分、二甲苯和汽油调和组分。

2.1.5 芳烃抽提部分

采用环丁砜作为溶剂,液液萃取工艺,从 $C_6 \sim C_7$ 中分离出芳烃和非芳烃。

2.1.6 芳烃精馏部分

设置苯塔、甲苯塔。采用精馏的方法分离出苯、甲苯和重芳烃。

2.1.7 异构化部分

① 异构化反应部分按 3.0MPa 压力设计，设置在线分析仪，设立两台串联反应器。采用超强酸异构化催化剂，在原料油（预加氢拔头油、重整戊烷油和芳烃抽余油）组成及性质满足超强酸催化剂应用条件的前提下，可以生产辛烷值（RON）不小于 82 的 C_5/C_6 的异构化汽油。

② 反应前设置脱异戊烷塔，脱除进料里的异戊烷，提高正构烷烃的平衡转化率；同时设置抽余油切割塔，脱除抽余油里的 C_7，防止反应结焦。

③ 反应后设置稳定塔脱除反应产物液化石油气。

2.2 连续重整装置的技术方案

2.2.1 预加氢部分

预处理的目的是进行原料的精制和分馏。原料通过全馏分加氢，脱除氧、氯、水、硫、氮、砷、铅、铜等对重整催化剂有毒的杂质，饱和烯烃以减少重整部分的催化剂结焦。预加氢生成油经过脱硫塔脱除油品中的微量硫和水，塔底油进入石脑油分馏塔切割 C_6 以下的轻石脑油和精制石脑油，精制石脑油作为重整原料进入重整装置。

预加氢采用循环氢流程，从预加氢高压分离器分离出的氢气，经预加氢循环氢压缩机加压后，与原料混合进入反应器，利用新氢压缩机自装置外引入氢气补充反应所消耗的氢气。预加氢采用新开发的高效、高空速加氢催化剂，空速由常规的体积空速 $2h^{-1}$ 提高到 $4h^{-1}$，大大降低了预加氢的设备和催化剂投资费用。

2.2.2 重整部分

重整进料换热器采用高效的缠绕管换热器，能提高换热深度，减小重整加热炉和重整产物空冷器的负荷，减少装置能耗。重整加热炉采用"四合一"箱式加热炉，此炉采用 U 形低压降的炉管和超低 NO_x 燃烧器；集合管部分采用特殊设施可吸收来自各方位的管线热膨胀；对流段布置一部分用于加热石脑油分馏塔塔底物流的炉管，另设有 3.5MPa 蒸汽发生系统，使全炉热效率达 90% 以上。重整循环氢压缩机采用由 3.5MPa 蒸汽背压透平驱动的离心式压缩机，动力蒸汽由管网提供，循环氢气为一级压缩，入口压力为 0.25MPa（G），出口压力为 0.6MPa（G）。

重整氢增压机采用蒸汽背压透平驱动的离心式压缩机；增压机氢气为二级压缩，入口压力为 0.6MPa（G），出口压力为 2.3MPa（G）。重整产氢系统拟采用两级压缩，以提高氢气纯度。再接触部分低温冷冻设施，采用丙烷制冷机操作，氢气中的少量轻烃组分在下游装置回收；重整氢气送出装置前设置低温脱氯设施，以防止下游设备发生氯腐蚀和铵盐堵塞，以提高重整产氢纯度。

2.2.3 催化剂再生部分

① 催化剂再生部分由一套与反应部分密切相连又相对独立的设备组成。该部分有两个

作用：一是实现催化剂连续循环，二是在催化剂循环的同时完成催化剂再生。来自重整第四反应器的待生催化剂被提升至再生部分，依次进行催化剂的粉尘分离、烧焦、氧氯化（补氯和金属的再分散）、干燥、冷却和氢气还原（氧化态变为金属单质）。再生后的催化剂循环回重整第一反应器。上述催化剂的循环和再生是通过一套催化剂再生控制系统（CRCS）来实现的。

② 再生器内部是两层约翰逊筛网结构，两层网中间围成径向催化剂床层，这样的床层在再生器烧焦区一共有两段，再生气体先经下段烧焦后再进入上段，两段之间补氧，再生气流在两段均采用径向离心流动，形成独特的两段离心逆流结构，该结构能有效降低再生气流量和提高烧焦性能。

③ 还原区位于重整第一反应器顶部，与一反上部料斗合二为一，有效地降低了装置标高。

④ 氯化物由蒸汽套管加热汽化后进入氯化区，含氯气体从氯化区抽出，经净化处理后进入烧焦区。

⑤ 采用氮气作为待生催化剂的提升气和淘析气，设循环氮气压缩机进行氮气循环，系统安全性更有保障。

⑥ 无阀输送的闭锁料斗位于再生器上部，催化剂在再生器内的流动由再生提升器决定，不受闭锁料斗运行的脉冲性影响。

2.2.4　后分馏部分

自重整稳定塔来的稳定汽油先经重整汽油换热器，使稳定汽油以热进料进脱戊烷塔，同样，脱戊烷塔底料也以热进料形式进入脱庚烷塔，脱庚烷后的物料也以热进料形式进入二甲苯塔。

2.2.5　芳烃抽提部分和精馏部分

本设计采用环丁砜溶剂液液萃取工艺技术。环丁砜具有较高的溶解能力和良好的选择性，其溶剂比及芳烃回流比均比较低，因此，可降低装置能耗及操作费用。另外，环丁砜抽提工艺流程简单，设备较少，可节省工程投资。

为防止环丁砜溶剂在高温下分解，要求采用中压蒸汽减温减压至2.2MPa饱和蒸汽作为汽提塔、回收塔和溶剂再生塔的热源，凝结水回收使用。汽提塔采用立式重沸器，回收塔和溶剂再生塔采用插入式重沸器。

第3章 连续重整装置的工艺基础

3.1 连续重整装置的原料及产品

3.1.1 重整原料油的来源和特性

作为重整原料的石脑油,由于原油性质及加工工艺的不同,其组成和杂质含量的差别很大。重整装置主要是以直馏石脑油为原料,各装置由于原料来源的制约,往往直馏石脑油不足以满足重整装置的要求。为改善低质量的石脑油质量,或为增加高辛烷值汽油组分,往往将部分二次加工油(如加氢裂化石脑油、焦化石脑油)也作为重整装置进料。

(1) 直馏石脑油　国内原油多为石蜡基原油,除新疆柯克亚石脑油芳潜较低外,一般石脑油芳潜约为40%,硫、氮含量均较低,仅大庆油砷含量稍高。近年来,由于油田采油增加了氯化烃作清蜡剂,石脑油含氯量显著增加,导致设备堵塞、腐蚀等一系列问题。

近年来,我国进口原油量急剧上升。进口原油主要集中来自于中东地区,而低硫的亚太地区原油,进口量逐年降低,在增加中东原油比例的同时,含硫高的伊朗、沙特、科威特原油的比例也迅速上升,进口原油加权平均硫含量也明显增加,因此,作为催化重整装置原料油的石脑油,其硫含量也相应增加。

(2) 二次加工石脑油　重整原料油来源不足,始终是制约我国催化重整的重要因素。因此应积极扩大重整原料油来源。近来,加氢裂化石脑油和焦化石脑油等二次加工石脑油也作为重整装置原料油以满足重整能力发展的需要。

① 加氢裂化石脑油　随着进口原油量逐年增加,其中中东含硫和高硫原油已成为我国石化企业,尤其是沿海石化企业的主要原油来源,要生产符合国内和世界燃料规范要求的清洁燃料以及高附加值产品,中、高压加氢裂化装置越来越受到广泛重视,各企业加氢裂化装置在数量上、规模上均有较大的发展。加氢裂化装置生产的石脑油,为重整装置提供了优质、量多的原料油来源。

② 焦化石脑油　焦化装置是炼厂渣油加工的重要手段之一,焦化石脑油产率一般为15%左右。由于焦化石脑油杂质含量较高,辛烷值较低,通常不能直接作为产品,需进一步加工处理后才能出厂。已有一些工厂,将焦化石脑油作为重整装置进料以生产高辛烷值汽油

组分或BTX（苯、甲苯、二甲苯混合物）以提高全厂经济效益。

焦化石脑油用作重整原料，有两种流程，一是先将焦化石脑油进行加氢，脱除其大部分有害杂质后，与直馏石脑油混合，再进行重整预加氢，使之达到重整进料质量要求；二是将焦化石脑油掺入直馏石脑油直接进行重整预加氢，经预加氢后的混合油达到重整装置进料要求。

焦化石脑油中的环烷烃含量低，芳烃含量也不高，并含有大量的不饱和烃，而且硫、氮化合物含量高，需经过深度加氢精制，饱和不饱和烃，脱除硫、氮化合物后，才能作为重整装置进料。对重整原料来说，焦化石脑油的馏程不要超过180℃，最好不超过160℃。

将焦化石脑油作为重整进料时，需要注意焦化石脑油中的Si含量，因为在延迟焦化塔中加入了消泡剂，消泡剂中一般含有较多的硅化物，而使延迟焦化石脑油中含有较多的硅。

延迟焦化石脑油中的Si含量远超过直馏石脑油中的Si含量，Si不仅对加氢催化剂是一种毒物，更重要的是它对重整催化剂也是一种毒物，由于重整催化剂是贵金属催化剂，Si中毒后也不能再生，因此要求在加氢过程中将Si脱除，加氢催化剂在Si穿透之前予以更换。催化剂吸附了Si而使催化剂活性下降，一方面是因为它覆盖了活性金属表面，同时也堵塞了催化剂的孔口。另一方面，由于原料中所含的微量有机硅在加氢条件下被氢解成游离硅而沉积在催化剂上，而使催化剂逐渐失活，因此必须控制石脑油中的Si含量。在加工过程中，应尽量避免使用对催化剂有毒害作用的Si及其他有害元素作为助剂成分。

(3) 催化裂化汽油

汽油中90%的硫来自催化裂化汽油。生产清洁燃料时，催化裂化汽油必须经过加工处理。目前发展的催化汽油脱硫技术大部分是采用催化加氢工艺。

将催化裂化汽油>90℃馏分进行加氢脱硫，同时烯烃也被饱和导致辛烷值损失。一般RON下降6~10个单位，如将>70℃馏分进行加氢脱硫和烯烃饱和，其辛烷值损失将达20个单位以上。从表3-1可以看出，重组分中芳烃含量较低（不足20%），这种原料油经重整后，辛烷值增加值能否补偿因烯烃饱和带来的辛烷值损失，尚取决于原料油性质。由于催化裂化汽油重组分进行了加氢处理，可以脱除>90%的硫和约10%的烯烃，这对生产清洁汽油无疑是有利的。因为增加了一套装置，收率亦有所损失，在经济上是否有利，各厂根据全厂生产的清洁汽油的硫平衡、烯烃及辛烷值需求而定，还需要做一些研究工作。

3.1.2 重整工艺的产品

重整装置按其生产目的，可分为生产高辛烷值汽油或生产石油化工原料的芳烃两大类。

重整装置生产的重整生成油经溶剂抽提和精馏得到苯、甲苯和混合二甲苯。其中混合二甲苯中的对二甲苯是合成聚酯纤维的原料，邻二甲苯是合成苯酐的原料。甲苯和重芳烃作为溶剂或汽油调和组分，市场需求量很大。因此需要采用芳烃转化技术和分离技术，转化和/或分离出需求量大的芳烃。工业上采用的芳烃转化技术有歧化、烷基转移和异构化等，而分离技术有冷冻分离和吸附分离等过程。

原料及产品的族组成如表3-1~表3-8所示。

表 3-1 精制石脑油族组成

密度(20℃)/(kg/m³)		739	
ASTM D-86 馏程/℃	初馏点	75	
	10%	86	
	50%	106	
	90%	147	
	终馏点	172	
烃类组成(质量分数)/%	烷烃(P)	环烷烃(N)	芳烃(A)
C_5	0.82	0.28	0.00
C_6	17.10	6.52	0.97
C_7	13.66	11.19	3.13
C_8	12.96	7.74	4.78
C_9	5.26	4.99	3.35
C_{10}	2.56	0.90	1.79
C_{11}^+	1.40	0.41	0.19
合计	53.76	32.03	14.21
芳烃潜含量		44.09	

表 3-2 精制石脑油杂质含量要求

	项目	数值
	相对密度	0.726
杂质含量	硫/(mg/kg)	0.25~0.5
	氮/(mg/kg)	≤0.5
	水/(mg/kg)	≤5
	砷/(μg/kg)	≤1
	铅/(μg/kg)	≤10
	铜/(μg/kg)	≤5
	溴指数/(mg/100g)	≤10
	水/(μg/kg)	≤5.0
	二烯值	≤1.5
	硅/(μg/kg)	≤0.1
	磷/(μg/kg)	≤200

表 3-3 汽油调和组分性质

序号	项目	抽余油	重汽油
1	温度/℃	40	40
2	密度/(kg/m³)	664.4	793
3	分子量	95.1	105.8
4	辛烷值(RON)	65	100.2
5	芳烃含量(体积分数)/%	<0.5	77.7

表 3-4　苯产品规格

项目	质量指标		试验方法
	石油苯-535	石油苯-545	
外观	透明液体,无不溶于水及机械杂质		目测
颜色(铂-钴色号)	20	20	GB/T 3143 ASTM D1209
纯度(质量分数)/%　不小于	99.80	99.90	ASTM D4492
甲苯(质量分数)/%　不大于	0.10	0.05	ASTM D4492
非芳烃(质量分数)/%　不大于	0.15	0.10	ASTM D4492
噻吩(质量分数)/%　不大于	报告	0.60	ASTM D1685 ASTM D4735
酸洗比色	酸层颜色不深于1000mL稀酸中含0.2g重铬酸钾的标准溶液	酸层颜色不深于1000mL稀酸中含0.1g重铬酸钾的标准溶液	GB/T 2102
总硫含量/(mg/kg)　不大于	2	1	SH/T 0253 SH/T 0689
溴指数/(mg/100g)	—	20	SH/T 0630 SH/T 1551 SH/T 1767
结晶点(干基)/℃　不低于	5.35	5.45	GB/T 3145
1,4-二氯己烷(质量分数)/%	由供需双方商定		ASTM D4492
氯含量/(mg/kg)	由供需双方商定		SH/T 0657 ASTM D6069
水含量/(mg/kg)	由供需双方商定		SH/T 0246 ASTM E1064
密度(20℃)/(kg/m³)	报告		SH/T 0604

表 3-5　甲苯产品规格

项目	质量指标		试验方法
	Ⅰ号	Ⅱ号	
外观	透明液体,无不溶于水及机械杂质		目测
颜色(Hazen 单位——铂-钴色号)不深于	10	20	GB/T 3143 ASTM D1209
密度(20℃)/(kg/m³)	—	865~868	SH/T 0604
纯度(质量分数)/%　不小于	99.90	—	ASTM D6256
烃类杂质含量			
苯含量(质量分数)/%　不大于	0.03	0.10	GB/T 3414
C₈芳烃含量(质量分数)/%　不大于	0.05	0.10	ASTM D6256
非芳烃含量(质量分数)/%　不大于	0.10	0.25	
酸洗比色	酸层颜色不深于1000mL稀酸中含0.2g重铬酸钾的标准溶液		GB/T 2102
总硫含量/(mg/kg)不大于	2		SH/T 0689

续表

项目	质量指标		试验方法
	Ⅰ号	Ⅱ号	
蒸发残余物/(mg/100g)不大于	3		GB/T 3209
中性实验	中性		GB/T 1816
溴指数/(mg/100g)	由供需双方商定		SH/T 0630 SH/T 1551 SH/T 1767

表 3-6 二甲苯产品规格

项目	质量标准				试验方法
品种	3℃混合二甲苯		5℃混合二甲苯		
质量等级	优级品	一级品	优级品	一级品	
外观	透明液体,无不溶水及机械杂质				目测
颜色(铂-钴色号)不深于	20				GB/T 3143
密度(20℃)/(kg/m³)	862~868	860~870	860~870		
馏程/℃					
初馏点 不低于	137.5		137		
终馏点 不高于	141.5		143		
总馏程范围 不大于	3		5		
酸洗比色	酸层颜色不深于1000mL稀酸中含0.5g重铬酸钾的标准溶液	酸层颜色不深于1000mL稀酸中含0.7g重铬酸钾的标准溶液	酸层颜色不深于1000mL稀酸中含0.5g重铬酸钾的标准溶液	酸层颜色不深于1000mL稀酸中含0.7g重铬酸钾的标准溶液	
总硫含量/(mg/kg)	不大于3				SH/T 0253
蒸发残余物/(mg/100mL)	不大于5				GB/T 3209
铜片腐蚀	不腐蚀				GB/T 11138
博士试验	通过	—	通过	—	
中性试验	中性				GB/T 1816

表 3-7 液化石油气产品规格

项目	质量指标	试验方法
密度(15℃)/(kg/m³)	报告	SH/T 0221
C_5^+(体积分数)/% 不大于	3.0	
蒸气压(37.8℃)/kPa 不大于	1380	GB/T 6602

表 3-8 氢气产品规格

温度/℃	40
压力/MPa(G)	2.3
分子量	2.016
氢气组成(摩尔分数)/%	
H_2	89.58
C_1	4.12
C_2	3.93
C_3	1.79
nC_4	0.51
iC_5	0.03
nC_5	0.03
C_6^+	0.07
合计	100

3.2 重整原料预处理

重整原料油的预处理，是催化重整装置不可缺少的一个组成部分。它包括两部分：一是预分馏，根据目的产品的要求，切取合适的原料油馏分，以获得最大的经济效益；二是预加氢及其相应的预处理工艺，根据不同来源的原料油性质，选择适宜的预加氢催化剂及相应的工艺，转化并脱除原料油中有害杂质，而得到符合要求的原料油，使重整催化剂能够充分发挥其性能，并能长期、稳定运转。

重整原料的预处理通常包括以下一些操作单元。

(1) 预分馏单元　原料预处理单元是由一台分馏塔及其所属系统构成，塔顶分出轻馏分——拔头油，塔底获取馏分适宜的重整原料油，有的炼厂不能提供终馏点适宜的重整原料，终馏点较高，超过重整对原料终馏点的限制，就需要增加一台切尾塔，将过重的石脑油组成切除——切尾，构成了双塔分馏的分馏流程。

(2) 加氢单元　通常称为预加氢，有时还包括有脱砷、脱氯或粗汽油制氢系统，原料的加氢精制是在氢气和催化剂作用下，将石脑油中的有机硫化物、氮化物、氧化物和溶解氧以及氯化物，通过加氢反应生成相应的 H_2S、NH_3、HCl、H_2O 等将其从石脑油中脱除，金属杂质则沉积在加氢催化剂上而从石脑油中脱除。

(3) 蒸发脱水单元　由一台蒸馏塔和其所属的系统组成，重整原料油中的水，是与油呈不完全互溶的二元物系，重整原料油的蒸发脱水过程，实质上也是一种二元非均相共沸精馏过程，塔顶蒸出烃-水混合物，塔底得到干燥的重整原料；在脱水的同时，也将加氢生成的 H_2S、NH_3、HCl 从重整原料油中脱除。

(4) 深度脱硫单元　对于半再生式重整装置，重整原料深度脱硫可以提高重整装置的液体产品收率和氢气产率，特别是对高铼铂比的催化剂更为有利。深度脱硫通常是在液相状态下通过脱硫反应器利用高选择性的吸附剂脱除加氢精制后石脑油中残余硫及蒸发脱水塔未脱尽的 H_2S。

（5）生产溶剂油的后分馏单元　有的装置用加氢精制的拔头油生产溶剂油，需要增加溶剂油分馏塔。

3.3　连续重整装置预加氢单元反应机理

3.3.1　预加氢单元反应机理

① 在催化剂和氢气的作用下，原料油中硫、氮、氧等进行加氢取代，生成易于除去的 H_2S、NH_3 和 H_2O，原料中的烯烃经加氢生成饱和烃，原料中的砷、铜、铅等金属化合物则经加氢分解后被催化剂吸附而除去。

② 预加氢生成油经过脱硫塔以脱除油品中的微量硫和水，塔底油进入石脑油分馏塔切割 C_6 以下的轻石脑油和精制石脑油，精制石脑油作为重整原料进入重整反应工段，以保证铂锡催化剂对重整进料硫和水含量的要求。

③ 预加氢的化学反应。原料油中的硫通常以有机硫化物的形式存在，如硫醇、硫醚、二硫化物、环硫化物和噻吩等。有机硫化物的加氢反应，首先是含硫化合物被吸附在催化剂表面，发生 C—S 键或 S—S 键的断裂而生成自由基，再与氢气反应生成相应的烃类及硫化氢。

3.3.2　预加氢主要化学反应

通常，重整原料加氢精制的主要化学反应有：

（1）脱硫反应　有机硫化物在氢作用下 S—C 键断裂生成硫化氢而将硫脱除，脱硫的反应温度要控制在一定范围内。如果为了提高脱硫率而过分提高温度，所生成的 H_2S 会再与少量的烯烃反应生成硫醇，使生成油含量增加，反而不能提高脱硫率。脱硫反应可以表述为：

硫醇　　　$C_4H_9SH + H_2 \longrightarrow C_4H_{10} + H_2S$　　　$-67kJ/mol$

硫醚　　　$(C_4H_9)_2S + 2H_2 \longrightarrow 2C_4H_{10} + H_2S$　　　$-122kJ/mol$

二硫化物　$C_3H_7—S—S—C_3H_7 + 3H_2 \longrightarrow 2C_3H_8 + 2H_2S$　　　$-162kJ/mol$

环硫化物　$\begin{array}{c} H_2C—CH_2 \\ \ \ |\ \ \ \ \ \ \ | \\ H_2C\ \ \ \ CH_2 \\ \ \ \ \backslash\ /\ \ \\ S \end{array} + 2H_2 \longrightarrow C_4H_{10} + H_2S$　　　$-122kJ/mol$

噻吩类　　$\begin{array}{c} HC—C—CH_3 \\ \|\ \ \ \ \ \ \ \| \\ HC\ \ \ \ CH \\ \ \ \backslash\ /\ \ \\ S \end{array} + 4H_2 \longrightarrow i\text{-}C_5H_{12} + H_2S$　　　$-276kJ/mol$

在硫含量过高或操作温度过高时生成的 H_2S 又有可能与烯烃重新生成有机硫化物，反应如下：

$$H_3C—CH_2—CH=CH—CH_3 + H_2S \longrightarrow H_3C—CH_2—CH_2—CH—CH_3$$
$$|$$
$$SH$$

(2) 脱氮反应
吡啶

$$\text{吡啶} \xrightarrow{+3H_2} \text{哌啶} \xrightarrow{+H_2} CH_3-CH_2-CH_2-CH_2-CH_2-NH_2 \xrightarrow{+H_2} CH_3-CH_2-CH_2-CH_2-CH_3 + NH_3$$

吡咯

$$\text{(2,3-二甲基吡咯)} + 4H_2 \longrightarrow CH_3-CH_2-CH-CH_2-CH_3 + NH_3$$
$$\qquad\qquad\qquad\qquad\qquad\qquad\qquad |$$
$$\qquad\qquad\qquad\qquad\qquad\qquad\quad CH_3$$

烷基胺 $\qquad\qquad RNH_2 + H_2 \longrightarrow RH + NH_3$

(3) 脱氯反应 近年来，为了增加原油产量，向油井中注入多种助剂，其中就有氯化烷烃，在蒸馏时氯化烷烃部分进入石脑油，导致石脑油中氯含量增高，有的装置达 100～200mg/kg，最高达 1140mg/kg。在预加氢时，这些氯化烷烃与氢作用使 Cl—C 键断裂而将氯脱除，生成的 HCl 对设备有严重的腐蚀作用。

(4) 脱金属反应 在重整原料油中，金属杂质（Cu、Pb 等）含量很少，有的已经达到对重整原料油的要求，需要注意的是砷和硅，虽然量很少，但对重整催化剂毒害很大。

砷化物在一定的氢压和温度下，发生氢化反应

$$R_3As + 3H_2 \longrightarrow 3RH + AsH_3$$

附着在催化剂表面的砷氢化物与催化剂中的活性金属 M（通常是 Ni）反应生成不同价态的金属砷化物。如：

$$2AsH_3 + M \longrightarrow MAs_2 + 3H_2$$

生成的金属砷化物沉积在催化剂上，而使催化剂逐渐失活，硅化合物加氢生成硅，会阻塞催化剂的孔，降低催化剂表面积，造成催化剂失活。

(5) 脱氧反应 石脑油中的有机氧化物和溶解于石脑油中的微量氧与氢气反应生成水而将氧脱除。其反应式可以表达为：

酚

$$\text{苯酚} + H_2 \longrightarrow \text{苯} + H_2O$$

环烷酸

$$\text{环戊基乙酸} + 3H_2 \longrightarrow \text{乙基环戊烷} + 2H_2O$$

(6) 烯烃加氢饱和反应 在直馏石脑油中烯烃含量很少，但在二次加工石脑油中含量较高，必须进行烯烃加氢饱和。由于烯烃加氢是放热反应，将焦化石脑油直接与直馏石脑油混兑进行预加氢时，需注意催化剂床层温升情况。烯烃加氢反应如下：

单烯

$$C_nH_{2n} + H_2 \longrightarrow C_nH_{2n+2}$$

双烯

$$C_nH_{2n-2} + 2H_2 \longrightarrow C_nH_{2n+2}$$

在实际反应中，以上几种反应都以不同的速度进行，从而使产品有不同的加氢精制效

果。它们的相对速度次序大致为：烯烃饱和＞脱硫＞脱氧＞多环芳烃加氢＞脱氮＞单环芳烃加氢饱和＞加氢裂化。在加氢的反应过程中，除了上述几种反应外，还有脱卤素、聚合反应等。

3.3.3 工艺参数对于加氢过程的影响

预加氢工艺过程中，原料油性质、催化剂性能以及工艺参数（反应温度、反应压力、液时空速及氢油比）均对预加氢效果有直接影响。

重整预加氢装置大多数在较低压力下进行。反应压力一般为 1.5~2.5MPa，反应温度为 260~310℃，气油体积比为 90~250，原料油的终馏点多为 130~160℃，个别装置达 170℃左右，在这样的工艺条件下，预加氢原料油基本上为气相。因此，预加氢过程实际上是气-固相反应过程。

直馏石脑油中氮含量、烯烃以及含氧化合物及金属杂质含量均较低，如砷含量高的原料均设置脱砷反应器，所以预加氢装置主要是进行脱硫，对于加工含硫原油的石脑油的预加氢装置，则更是如此。以加氢裂化石脑油为重整原料油，由于硫、氮、金属含量较低，甚至不经过预加氢即可满足重整催化剂对进料的要求；以经过加氢的焦化石脑油为重整原料油时，一般是要与直馏石脑油混兑，预加氢的主要矛盾也是脱硫问题；个别装置直接用焦化石脑油与直馏石脑油混兑经预加氢后作重整原料油，这种情况下硫化物、氮、烯烃均需特别注意。所以对一般重整装置，预加氢主要是要脱硫。因此，在考察预加氢工艺参数的影响时，也主要是考察其对脱硫效果的影响。

关于对预加氢脱硫效果的影响因素及其动力学模型，已经有很多人进行了研究，提出了多种表述动力学的数学方程，比较典型的数学表达式为：

$$\ln(c_0/c_i) = K p_H^a \tau^b$$

式中 c_0——原料油的硫含量，mg/kg；

c_i——生成油的硫含量，mg/kg；

K——与反应速率有关的系数；

p_H——反应过程的氢分压，MPa；

τ——表观停留时间，h；

a,b——与催化剂、原料油性质有关的常数。

对不同种类原油，其所含硫化物的类型是不相同的，所以加氢脱硫的难易程度也有差异，气油比、反应温度及催化剂性能均对反应速率有影响，所以 K 是原料油性质、催化剂性能及反应温度的函数。对一定的原料油及催化剂，K 仅与反应温度有关，可以表述为：

$$K = K_0 A e^{-E/(RT)}$$

式中 K_0——常数；

A——催化剂相对活性，在催化剂初活性阶段，A 值为 1，随着运转时间增加，催化剂活性逐渐下降，A 逐渐降低；

E——与反应活性有关的常数；

T——反应温度，K；

R——气体常数。

原油及催化剂确定之后，E、K_0 即为常数，可根据试验求出，当工艺条件确定后，K、p_H、τ 即可确定，原料油中 c_0 已知，即可计算出生成油中硫含量 c_i。

提高反应温度可以加快脱硫、脱氮及烯烃加氢饱和的反应速率，对脱硫反应而言，因为其反应速率较快，在较低的反应温度下就可进行得较完全，对不同的硫化物其反应难易程度不同。含氮量较高的原料就需要较高的反应温度，也需要较高的反应压力和较低的反应空速。反应温度过高不仅会缩短运转周期，也会产生 H_2S 的二次反应，H_2S 与烯烃生成硫化物，反而降低脱硫率，一般预加氢温度不宜超过 340℃。

提高反应氢分压对提高加氢效果、延长运转周期是有利的，但相应增加了设备投资和操作费用，当操作压力一定时，要增加反应氢分压的措施是提高氢纯度和增加氢油比。

空速与反应温度在一定范围内可以互相补偿，催化剂活性高时，空速可以大一些，空速大，反应器可以小一些，催化剂用量也相应减少，可以节省投资。

对于直馏石脑油，氢油比可以低一些，一般为 50~100 即可满足要求，增加氢油比，实质是提高了反应的氢分压，也改善了流体分布，对提高反应性能、延长运转周期有利。

各工艺参数对加氢精制反应均有重大影响，根据原料油性质、杂质含量及催化剂性能确定。各参数之间又互有关系、互相制约、互为补充，调整的原则应保证产品质量合格，有足够长的运转周期、最低的操作费用，经济上合理。

3.4 连续重整装置重整反应单元反应机理

重整过程是以 C_6~C_9 或 C_6~C_{11} 石脑油馏分为原料，在一定的操作条件和催化剂的作用下，烃类分子发生重新排列，使烷烃和环烷烃转化为芳烃或异构烃，同时副产氢的以生产芳烃或高辛烷值汽油组分为目的的生产过程。重整反应的深度取决于原料油性质（馏程与组成）、催化剂性能和操作条件的苛刻程度。重整催化剂是双功能催化剂，金属铂组成金属活性中心（M），完成加氢、脱氢的催化作用；卤素（对全氯型催化剂则是氯）、载体本身和载体上的羟基组成酸性活性中心（A），发挥异构、裂化功能。重整反应是由热力学和动力学定律支配的，它们在不同速度下倾向于达到热力学平衡。通常，能否达到最佳状态将决定于操作条件。达到这一平衡的反应速率主要是催化剂质量和性能的函数。

原料油在一定的操作条件下，进行分子重排反应（反应前后分子量并不改变），从而最大限度地促进芳烃的生成和分子异构化达到制取芳烃或提高辛烷值的目的。

重整原料主要由烷烃、环烷烃和芳烃组成。烷烃转化成芳烃、异构烃、低分子烃；环烷烃主要转化成芳烃；芳烃除脱烷基外，一般不参与反应，保留在产物中。催化重整过程的基本反应主要有以下几种。

3.4.1 六元环烷烃脱氢生成芳烃的反应

$$R-\text{C}_6H_{11} \underset{}{\overset{M}{\rightleftharpoons}} R-\text{C}_6H_5 + 3H_2$$

$$CH_3-\text{C}_6H_{11} \underset{}{\overset{M}{\rightleftharpoons}} CH_3-\text{C}_6H_5 + 3H_2$$

RON 74.8   RON 120
ΔH(kJ/mol) +205.8 ΔRON 45.2

六元环烷烃脱氢生成芳烃是一个典型的在金属活性中心上完成的高吸热反应，它是重整过程所有反应中速度最快的反应，它可以在很高的空速条件下完成。反应选择性好，吸热量大，是反应器催化剂床层产生温降最主要的反应。反应生成芳烃和氢气，是体积减小、密度增大、分子数增加的反应，所以高温、低压有利于反应。因为是平衡反应，产物中仍有少量六元环烷烃存在，数量由苛刻度决定，一般为1％～3％（质量分数）。

3.4.2 五元环烷烃扩环成六元环烷烃的反应

$$R-\text{[环戊基]} \underset{M}{\rightleftharpoons} R-\text{[环戊烯基]} + H_2 \underset{A}{\rightleftharpoons} R'-\text{[环己基]}$$

RON 80.6　　　　　　　　　　　　　　　　　RON 74.8
ΔH(kJ/mol) −18.9　　　　　　　　　　　　ΔRON −5.8

烷基环戊烷一般先在金属活性中心上脱氢生成烷基环戊烯，进而在酸性活性中心上异构生成六元环烷烃（也有一种说法是生成烷基环戊烯，然后在金属活性中心上脱氢生成芳烃）。这类反应要在两个中心上交替才能完成，反应历程较长，要求条件苛刻，反应速率较慢，但这是重整反应中重要的反应。因为在环烷烃中，五元环烷烃占50％（质量分数）左右。整个反应酸功能是控制步骤，过程中还伴有五元环的开环反应。所以我们定义甲基环戊烷不能定量转化成芳烃，C_7以上五元环烷烃可以定向转化为芳烃。过程特点要求两个活性中心合理地匹配，双功能失调对此类反应极为不利。

3.4.3 正构烷烃的异构化

$$R-CH_2-CH_2-CH_2-CH_3 \underset{A}{\rightleftharpoons} R-CH_2-\underset{\underset{H}{|}}{\overset{\overset{CH_3}{|}}{C}}-CH_3$$

$$n\text{-}C_7H_{16} \underset{A}{\rightleftharpoons} H_3C-(CH_2)_2-\underset{\underset{CH_3}{|}}{\overset{\overset{CH_3}{|}}{C}}-CH_3$$

RON 0　　　　　　　　　　　　　　　RON 92
ΔH(kJ/mol) −16.8　　　　　　　　　ΔRON 92

异构化反应是弱放热反应，在酸性活性中心上完成。反应速率较快，选择性好，辛烷值增值大，是生产高辛烷值汽油的重要反应。反应深度受热力学平衡控制，异构烃对正构烃的比非常接近平衡值。

严格来说，实际反应历程较为复杂，应先在金属功能作用下脱氢生成烯烃，再在酸功能作用下异构成不饱和异构烯，然后再在金属功能作用下加氢生成饱和异构烷烃。

对于用石蜡基原料油生产高辛烷值汽油，其对辛烷值的贡献是巨大的。

3.4.4 烷烃的脱氢环化反应

$$R-CH_2-CH_2-CH_2-CH_3 \underset{M \cdot A}{\rightleftharpoons} \begin{array}{c} R' \\ \bigcirc \end{array} + H_2$$

$$\underset{M \cdot A}{\rightleftharpoons} \begin{array}{c} \bigcirc \\ R'' \end{array} + H_2$$

$$n\text{-}C_6H_{14} \underset{}{\overset{M \cdot A}{\rightleftharpoons}} \begin{array}{c} CH_3 \\ \bigcirc \end{array} + H_2$$

RON 24.8 RON 89.3
ΔH(kJ/mol) +52.5 ΔRON 64.5

$$n\text{-}C_7H_{16} \underset{}{\overset{M \cdot A}{\rightleftharpoons}} \begin{array}{c} CH_3 \\ \bigcirc \end{array} + H_2$$

RON 0 RON 78.4
ΔH(kJ/mol) +36.5 ΔRON 78.4

烷烃的脱氢环化反应，可以在金属上直接环化，但更多的是在两个功能中心上交替进行完成。它是重整反应中反应历程最长、反应速率最慢的反应，反应条件是苛刻的。但它是生产芳烃和高辛烷值汽油最重要的反应之一。

我国原油以石蜡基为主，直馏重整原料中烷烃所占比例比较大，约在60%（质量分数）。最大限度地把烷烃转化成芳烃，对增产芳烃和提高辛烷值、提高过程的经济效益是十分必要的。

在重整反应中，如何避免烷烃的过度裂化，使更多的烷烃转化为芳烃，保持较高的液体收率，在很大程度上依靠良好的水-氯平衡控制，保持双功能的合理、合适匹配来实现。

3.4.5 加氢裂化反应

$$H_2 + R-CH_2-CH_2-CH_3 \xrightarrow{M \cdot A} RH + CH_3-CH_2-CH_3$$

$$n\text{-}C_7H_{16} + H_2 \xrightarrow{M \cdot A} CH_3-CH_2-CH_3 + CH_3-\underset{\underset{CH_3}{|}}{CH}-CH_3$$

RON 0 RON 102
ΔH(kJ/mol) −58 ΔRON 102

加氢裂化反应，将大分子烃类裂化成小分子烃类。虽然液相的低分子烃类辛烷值比大分子烃高，但它减小了产物的液体收率，同时过程是耗氢的，降低了循环氢纯度和氢产率，因其反应速率快，它对烷烃的脱氢环化反应产生不利的影响（影响芳烃产率）。它是我们不希望发生的过程，但在过程中又不可避免。

对于生产芳烃的装置要严格限制加氢裂化反应。对于生产高辛烷值汽油组分的装置，则可以让加氢裂化反应适度发生。

催化剂酸功能在加氢裂化反应中起主导作用。

3.4.6 脱甲基反应

$$R-CH_2-CH_2-CH_2-CH_3 + H_2 \xrightarrow{M} R-CH_2-CH_2-CH_3 + CH_4$$

$$\text{Ph}-R-CH_3 + H_2 \xrightarrow{M} \text{Ph}-R' + CH_4$$

$$\underset{\text{RON 24.8}}{C_6H_{14}} + H_2 \xrightarrow{M} \underset{\text{RON 61.8}}{C_5H_{12}} + CH_4$$
$$\Delta H(\text{kJ/mol}) \; -67.8 \qquad \Delta \text{RON } 37.0$$

$$\underset{\text{RON 120}}{\text{Ph}-CH_3} + H_2 \xrightarrow{M} \underset{\text{RON 100}}{\text{Ph}} + CH_4$$
$$\Delta H(\text{kJ/mol}) \; -54.7 \qquad \Delta \text{RON } -20$$

脱甲基反应是金属起作用,也称为氢解反应。

开工进油时,会发生严重的氢解反应。因是放热反应,产生大量的热量,会使催化剂床层温度飞升,严重时可以烧毁催化剂。所以用预硫化的办法,来抑制氢解反应。

当系统"干"了的时候,会促进氢解反应。各反应温降会减小,循环氢中 CH_4 含量上升,C_3/C_1 下降,苯的转化率提高。

氢解反应危害很大,要注意避免其发生。

3.4.7 芳烃脱烷基反应

$$\text{Ph}-R + H_2 \xrightarrow{M} \text{Ph}-R' + R''H$$

$$\underset{\text{RON 120}}{\text{Ph}(CH_3)_2} + H_2 \xrightarrow{M} \underset{\text{RON 120}}{\text{Ph}-CH_3} + CH_4$$
$$\Delta H(\text{kJ/mol}) \; -56.8 \qquad \Delta \text{RON } 0$$

此反应是放热反应,使较重的芳烃转化成较轻的芳烃。

对于生产芳烃的装置,系统水分可以适当控制在合适水分的下限(但不能"干"了),有利于轻芳烃的生产。

3.4.8 积炭反应

烃类的深度脱氢,生成烯烃和二烯烃,烯烃进一步环化及聚合,形成稠环芳烃,吸附在催化剂上,最终转化成积炭,使催化剂失活。

积炭反应应该说是重整过程中的正常反应,为了保持长周期稳定运转,应该保持正常的积炭速率。催化剂双功能失调,选择性变差,将促进积炭。

综观以上反应,芳构化反应是重整过程的主导反应,大量吸热,使催化剂床层产生很大的温降。为了在过程中补充热量,强化过程反应,采取多炉多反应器成了重整过程的特点,重整诸反应的反应速率有很大差异,其顺序为:环烷脱氢>烷烃和环烷烃的异构化>烷烃和环烷烃加氢裂化>烷烃的脱氢环化。所以不同的反应器内主导反应就有所不同:一反为脱氢和异构化；二反为脱氢、异构化加氢裂化、脱氢环化；三反为异构化、加氢裂化、脱氢环化；四反为加氢裂化和脱氢环化。由此产生各反应器温降依次减小，一反为$-50\sim-120$℃，二反为$-30\sim-60$℃，三反为$-20\sim-40$℃，四反为$-10\sim+5$℃。根据原料和操作条件不同而温降有所差别，高环烷基原料温降大，高石蜡基原料温降小，低压操作温降大，高压操作温降小。

3.5 连续重整装置催化剂再生单元反应机理

催化重整技术是近代石油炼制、石油化工企业中最重要的加工工艺技术之一。通过催化剂的催化作用，使$C_6\sim C_{10}$的石脑油原料中的烃类进行以芳构化为主体的一系列反应，生产高辛烷值、低硫、低烯烃的汽油调和组分，或者生产基本化工原料——苯类产品。重整过程同时副产氢气，使其成为加氢裂化、加氢精制过程重要的氢源。

催化剂性能的改进，提高了催化剂的活性、选择性，提高了重整产品的质量（生成油辛烷值或者芳烃产率）和数量（液体产品收率和氢产率），提高了重整过程的综合经济效益；提高了催化剂稳定性，增强了催化剂容炭能力，降低了积炭速率，使催化剂可以在更苛刻的条件（高温、高压）下运转，同样可以提高过程的综合效益；提高了催化剂再生性能，提高了催化剂担体的水热稳定性，延长催化剂的使用寿命，从而降低了催化剂的使用费用。在催化剂性能改进中，催化剂稳定性的提高尤为显著，比过去提高了$2\sim4$倍，这归功于催化剂载体的改进。贵金属Pt在催化剂生产成本中占很大的份额（50%～70%），降低铂含量就大大地降低了催化剂成本，改进后的催化剂铂含量约为过去的$1/2\sim1/4$。

重整催化剂由三部分构成：

（1）金属组元　即活性金属Pt和其他助金属（Re、Ir、Sn、Ge等）。Pt提供催化剂的加、脱氢活性功能。添加少量的助金属可以提高催化剂活性、选择性和稳定性，以及改进催化剂其他方面的性能。

（2）担体　即金属组元和酸性组元的承载体。重整催化剂一般均以氧化铝为担体，他本身并没有催化活性，但具有较大的比表面积和较好的机械强度，它能使活性组元高度分散在其表面上，充分有效地发挥催化作用，并能降低金属组元的用量。同时担体也提高了催化剂的稳定性和机械强度，担体性能的改进是重整催化剂发展的主要内容之一。

（3）酸性组元　即添加到催化剂上的卤素（Cl、F）。载体氧化铝本身的酸性很弱，甚至接近中性。少量卤素的引入对氧化铝载体产生了电子诱导作用，从而增强了担体的表面酸性，使其具有一定的酸性，从而提供双功能之一的酸性功能，改变催化剂中的卤素含量就可以调节其酸功能的强弱。

3.5.1 重整催化剂的反应性能

催化剂反应性能好坏直接影响应用结果，所以是评价催化剂的重要指标。催化剂反应性能主要包括活性、选择性和稳定性。

3.5.1.1 催化剂活性

催化剂活性用一定的原料油（馏程、组成、烃分布一定），在一定的工艺条件下（温度、压力、氢油比、空速)重整目的产物的芳烃含量(以生产芳烃为目的)或辛烷值(以生产高辛烷值汽油组分为目的)来表达,如 WABT 485℃,芳含为 65.0%(质量分数)或 RON 95。简单地说是某一反应温度下的芳烃含量或辛烷值。

前文我们详细讲述了工艺参数、原料油性状、环境以及水-氯平衡对重整反应过程的影响,当然也包括对催化剂活性的影响。所以说,表达某一催化剂活性是带有很多附加条件的,所以在比较催化剂活性孰好、孰差时,只能在同一种原料、同一操作条件、同一环境、催化剂氯含量在合适范围内得出的结果才有可比性,一般在实验室评价装置上进行。有时我们也会用到催化剂提温活性的概念,即提高一定温度(5℃或10℃),芳烃含量增加多少、辛烷值提高几个单位。

3.5.1.2 催化剂选择性

严格地说,催化剂选择性应以某一芳烃含量或辛烷值时相对应的液体产品收率(液收)来表征,尤其是不同催化剂选择性对比的时候。

对某一催化剂本身可以用某一温度条件下的液收来表示催化剂的选择性,因为对此催化剂,该温度下的芳烃含量或辛烷值是已定的。

对催化剂选择性的要求,就是要求催化剂在反应过程中尽量减少不必要的裂化反应。因此,某一温度条件下的循环氢纯度、氢产率大小也是衡量催化剂选择性的项目。

对于生产高辛烷值汽油组分的催化剂,往往用辛烷值产率(国外用"辛烷值桶")来综合评价催化剂活性、选择性。辛烷值产率随反应温度升高而成拱桥形状,即有一个最高点,在此点温度下运转能取得最佳的效益。对于生产芳烃的催化剂,用芳烃产率(或芳烃转化率)来评价催化剂活性和选择性。

在满足生产对产品芳烃含量或辛烷值的要求下,催化剂选择性越好,液收越高,氢产率越高,效益就越好。

不同催化剂选择性的对比与活性对比一样,应在评价装置上进行评价后得出结论。

低压、高温是工艺对催化剂发展提出的要求,高温提高催化剂活性,低压除了提高催化剂活性外,还能改善催化剂的选择性。

3.5.1.3 催化剂稳定性

催化剂稳定性是指在一定的反应苛刻度下,催化剂能运转多长时间,即通常所说的催化剂周期寿命。

评价催化剂稳定性,可以利用催速老化试验和寿命试验来完成。

催速老化试验是在极苛刻的操作条件(高温、高空速、低压、低氢油比)下,造成催化剂快速积炭,比较相同催速老化试验时间内催化剂积炭的多少,或用催化剂反应性能下降程度来对比催化剂稳定性。

催化剂稳定性试验(或称寿命试验)采取生产装置的操作条件和对产品质量的要求(芳含或辛烷值),用提温的方式维持既定的产品质量指标(芳含或辛烷值)运转较长一段时间(1000h、2000h或3000h),最后以催化剂上积炭量来对比催化剂稳定性。积炭速率低则稳定性好,因为生产装置催化剂周期寿命主要取决于催化剂上的积炭量,积炭速率低,达到停工时催化剂积炭限制的时间就长,催化剂寿命就长,催化剂稳定性就好。或以提温速率的快慢来对比稳定性。

对于连续重整催化剂，主要利用催化剂的初活性，积炭并不高时就进行再生，连续再生是它的特点，所以它对催化剂的稳定性要求不高。但对于半再生式重整催化剂，稳定性则是极重要的。为了追求更高的经济效益，固定床也在向高温、低压、低氢油比目标迈进。只有高稳定性的催化剂才能满足1.5~2.0年的周期寿命的要求。

从一定意义上讲，催化剂稳定性就是催化剂的活性稳定性和选择性稳定性。

3.5.2 重整催化剂的理化性质

重整催化剂的理化性质包括：催化剂外形及几何尺寸；载体的化学组成及晶体结构；金属组成及其含量和金属状态（氧化态、还原态、硫化态）；氯含量及铁、钠、硅等杂质含量；物理性质中的比表面积、孔容、机械强度、粒度和堆积密度。另外还包括载体$\gamma\text{-}Al_2O_3$的孔分布、平均孔径、水热稳定性数据。对于连续重整催化剂还包括催化剂颗粒大小分布及颗粒圆度、抗磨强度。

贵金属Pt的含量多少直接影响催化剂价格、催化剂一次投资和使用费用，在催化剂性能相当的情况下，Pt含量越低其竞争力就越强。

金属状态不同，装置开工的程序和要求不同。

铁、钠、硅等杂质含量多少影响催化剂的长期稳定性和使用寿命。

对固定床催化剂，装入体积一定的情况下，堆积密度（堆比）越小催化剂装入质量越少，催化剂费用越少；对连续重整装置，堆比大小影响催化剂的流动和输送状态，堆比增大，机械强度增加，但对孔结构带来影响，还会使连续再生负荷相应加重。

比表面积直接影响着活性组分在载体上的分散度，比表面积过大，表明载体中的小孔较多、孔容较小，会降低催化剂的选择性。比表面积减小，会影响活性组分Pt的分散，影响催化剂的稳定性和使用寿命，还将影响催化剂的持氯能力和正常运转中的水-氯平衡控制。

孔分布、孔半径、孔容减小（烧结后小孔增多，中孔、大孔减少）将影响催化剂选择性和使用寿命。

催化剂机械强度差，催化剂容易磨损、破碎，将影响固定床系统压降，严重时需停工处理；对连续重整来说，意味着催化剂粉尘增大、催化剂损耗增加。我国重整催化剂强度大大超过产品指标。

由于连续重整过程的特殊性，它还要求催化剂的流动性好，要求为小球形催化剂、催化剂颗粒的圆度好等。由于连续重整催化剂是连续再生，催化剂再生周期为3~7天，催化剂使用期间要经过300余次再生，所以对催化剂水热稳定性要求大大超过半再生催化剂。

催化剂理化性质与催化剂反应性能和使用寿命紧密相关。理化性质改变，会影响催化剂的反应性能，从而影响催化剂使用寿命。催化剂在使用过程中，要尽量减少影响其理化性质的冲击和事故。

3.5.3 催化剂的再生

在重整反应进行的同时，催化剂上的积炭逐渐增多，并且反应操作条件越苛刻，催化剂积炭越快,因而催化剂失活也越快。如果没有与反应部分配套的催化剂连续再生系统,则反应部分不得不频繁停车,以便进行催化剂烧焦并恢复其活性。因此需要设置一套催化剂连续再生系统,使装置在高苛刻度条件下长周期操作。催化剂连续再生系统的作用除了完成催化剂再生外,同时完成催化剂的闭合循环。催化剂再生及循环过程是:催化剂经过一反直至四反,从四反底部出来的含炭催化剂(称为待生催化剂),被提升到再生器,催化剂在再生器内经过烧焦、氯化氧化、焙烧干燥三个步骤后(称为再生催化剂),被提升到一反顶部的还原室内,进行催化剂还原,然后回到一反,开始下一个循环。

3.5.3.1 烧焦

烧焦的目的是把催化剂上的焦炭烧掉,其过程是焦炭与氧在一定的温度下燃烧,产生二氧化碳并放出热量。化学反应式为:$C+O_2 \longrightarrow CO_2 +$ 热量。反应为放热反应,会使催化剂温度升高,而过高的温度很容易损坏催化剂,因此必须对烧焦过程进行控制。控制烧焦过程的办法是控制气体中的氧含量,氧含量越高,则温度升高越快,但氧含量过低会使烧焦过慢。因此,正常操作过程一般控制气体中氧含量为 0.5%~0.8%(摩尔分数)。

3.5.3.2 氯化氧化

氯化氧化步骤的目的是调整催化剂上的氯含量,并将催化剂上的金属充分氧化和分散。氯化步骤是通过氧与有机氯化物反应完成的,反应过程可描述为:

$$氯化物 + O_2 \longrightarrow HCl + CO_2 + H_2O$$

$$担体\text{-}OH + HCl \longrightarrow 担体\text{-}Cl + H_2O$$

氯作为载体上的一个活性组元,适当的氯含量可使催化剂具备正常的酸性功能,但氯含量过高和过低都会给重整反应带来不良影响。因此必须将催化剂上氯含量控制在一定的范围内,正常操作为 1.0%~1.2%(质量分数),这对于催化剂的酸性功能是最佳范围。氧化和再分散反应过程可描述为:

$$金属 + O_2 \longrightarrow 分散的氧化态$$

金属在催化剂表面上分散得越好,催化剂金属功能也将越好。高氧含量、长停留时间和合适的氯浓度对金属氧化和再分散是有利的。

3.5.3.3 焙烧干燥

焙烧步骤的目的是将催化剂上的水分脱除,因为烧焦和氯化氧化过程都会生成水,这些水分被吸收到催化剂表面上,会对催化剂活性产生不良影响。干燥步骤可以看作是汽提催化剂中的水分,其过程可描述为:

$$载体\text{-}H_2O + 干燥气 \longrightarrow 载体 + H_2O$$

干燥是借助于高温、较长的停留时间及适宜的干燥气流量来实现的。

3.5.3.4 还原

还原步骤的目的是将催化剂上的氧化态金属转化为还原态金属,该步骤是在氢气环境下进行的,其反应过程可描述为:

$$氧化态金属 + H_2 \longrightarrow 还原态金属 + H_2O$$

还原越彻底,催化剂性能恢复越好,较高的氢气纯度和适宜的还原气流量对该步骤是有利的。

3.6 连续重整装置异构化反应机理、PSA 机理及抽提机理

3.6.1 异构化反应机理

异构化是指正构 C_5 和 C_6 有机化合物在催化剂的作用下，分子中原子或基团的位置发生改变（结构重排）而其组成和分子量不发生变化。烃类分子通过结构重排（主要有烷基的转移、双键的移动和碳链的移动）生成异构的化学结构，从而达到提升辛烷值的目的。

$$H_3C-CH_2-CH_2-CH_2-CH_3 \longrightarrow H_3C-CH_2-\underset{\underset{CH_3}{|}}{CH}-CH_3$$

$$H_3C-CH_2-CH_2-CH_2-CH_2-CH_3 \longrightarrow H_3C-\underset{\underset{CH_3}{|}}{CH}-\underset{\underset{CH_3}{|}}{CH}-CH_3$$

3.6.2 PSA 机理

PSA 装置中的吸附主要为物理吸附。

吸附是指当两种相态不同的物质接触时，其中密度较低物质的分子在密度较高的物质表面被富集的现象和过程。具有吸附作用的物质（一般为密度相对较大的多孔固体）被称为吸附剂，被吸附的物质（一般为密度相对较小的气体或液体）称为吸附质。吸附按其性质的不同可分为四大类，即化学吸附、活性吸附、毛细管凝缩、物理吸附。化学吸附是指吸附剂与吸附质间发生化学反应，并在吸附剂表面生成化合物的吸附过程，其吸附过程一般进行得很慢，且解吸过程非常困难。活性吸附是指吸附剂与吸附质间生成有表面络合物的吸附过程，其解吸过程一般也较困难。毛细管凝缩是指固体吸附剂在吸附蒸气时，在吸附剂孔隙内发生的凝结现象，一般需加热才能完全再生。物理吸附是指依靠吸附剂与吸附质分子间的分子力（即范德华力）进行的吸附，其特点是：吸附过程中没有化学反应，吸附过程进行得极快，参与吸附的各相物质间的平衡在瞬间即可完成，并且这种吸附是完全可逆的。

3.6.3 抽提机理

① 抽提部分的原料主要是重整来的 $C_6\sim C_7$。在这些原料中，不仅含有与芳烃沸点相近的非芳烃，而且某些非芳烃可以与芳烃形成各种共沸物，因此利用传统的蒸馏工艺是不可能将其分离的。

② 液-液抽提工艺主要是利用溶剂对烃类各组分的溶解度和相对挥发度的不同从烃类混合物中分离出纯芳烃。当溶剂和原料油在抽提塔接触时，溶剂对芳烃和非芳烃进行选择性溶解，形成组分不同和密度不同的两个相。由于密度不同，使两相能在抽提塔内进行连续逆流接触。其中一相是溶解芳烃的溶剂相（分散相），另一相是非芳烃为主的抽余油相（连续相）。所得富溶剂进入汽提塔，在该塔中将芳烃与非芳烃彻底分离，汽提塔塔顶、塔底分别得到回流芳烃和含高纯度芳烃的第二富溶剂；回流芳烃返回抽提塔塔底，第二富溶剂则进入回收塔内进行减压汽提蒸馏后得到高纯度的混合芳烃和贫溶剂；抽余油相则进入抽余油水洗

塔内进行水洗后得到非芳烃产品。抽提出来的混合芳烃进入芳烃精馏部分，根据芳烃中各组分的沸点不同，利用气、液两相多次接触、多次汽化和多次冷凝进行传质传热，从而分离出苯、甲苯。

③ 溶剂对烃类的溶解能力按族组成而言，则芳烃＞烯烃＞环烷烃＞烷烃；如果按同一族的烃类而言，则碳原子数愈少，溶剂对其溶解能力愈大。由此可引出族选择性和轻重选择性两个概念。溶剂对烃类的选择性顺序：芳烃＞烯烃＞环烷烃＞烷烃；而在同一族里，则溶剂对碳原子数少的烃的选择性大于碳原子数多的烃类，这就是所谓的轻重选择性。

3.6.4 溶剂的基本特性和要求

芳烃抽提是利用溶剂对芳烃和非芳烃溶解能力的差异而将芳烃抽提出来的一种工艺。抽提所得到的混合芳烃再进行精馏分离，进而得到纯苯、甲苯、二甲苯等。抽提的流程都基本相同或相似，而过程的经济性（包括产品的纯度、收率、消耗等指标）在很大程度上都取决于溶剂的性能。

一种好的工业抽提溶剂应具有如下一些特性：
① 对芳烃的选择性要好，有利于提高芳烃的纯度；
② 对芳烃溶解能力大，以利于降低溶剂比和操作费用；
③ 与抽提原料的密度差大、不易乳化，以保证在抽提塔内轻重两相的水力学流动特性；
④ 与芳烃的沸点差大，以便与溶剂分离；
⑤ 热稳定性及化学稳定性好，以确保芳烃不被降解物质所污染；
⑥ 两相界面张力要大，以利于液滴聚集和分层；
⑦ 蒸气压低，减少操作中的溶剂消耗；
⑧ 黏度小、凝固点低，有利于抽提过程的传热与传质；
⑨ 无毒、无腐蚀性，便于操作和设备材质选取；
⑩ 价廉易得。

事实上，一种溶剂完全满足上述要求是非常困难的，因此尽管有机溶剂的种类非常繁多，但真正在工业上得到应用的却很少。表 3-9 列出了几种已被工业上采用的芳烃抽提溶剂的一般性质。

表 3-9 几种工业抽提溶剂的一般性质

溶剂	分子量 M	相对密度 d_4^{30}	沸点/℃	凝点/℃	黏度/(mPa·s)	150℃汽化热/(kJ/kg)	分解温度/℃
N-甲基吡咯烷酮	99.13	1.03	206	−24	0.97	493(118)	—
N-甲酰基吗啉	115.14	1.15	244	21	2.7	389(96)	230
环丁砜	120.16	1.26	287	28	(70℃)2.5	514(123)	220
二甲亚砜	78.13	1.10	189	18	—	552(132)	120
四甘醇	194.24	1.16	327	−5	4.0	456(109)	237
三甘醇	150.18	1.12	288	−7	3.5	656(157)	206

3.6.5 抽提工艺操作因素分析

芳烃抽提过程的影响因素很多,概括为三要素:原料油(抽提原料)、溶剂和采用的手段(设备、操作条件等)。在溶剂和设备结构选定后,操作条件就起着重要的作用。

在抽提工艺中,溶剂的水含量和抽提操作温度,在决定恰当的选择性和溶解度上起了重要的调节作用。保证产品纯度的具体手段是回流比,保证芳烃回收率的手段是溶剂比。适当的回流比、溶剂比和必要的抽提塔塔板数是保证抽提工艺正常操作的重要手段。

3.6.5.1 原料油性质的影响

在抽提原料油中,通常烯烃含量较低,其他烃类组成如下。

重整脱戊烷油:BTX含量一般为40%~70%(质量分数),其中苯为8%~12%、甲苯为16%~28%、二甲苯为16%~30%。

裂解加氢汽油:BTX含量一般为60%~85%(质量分数),其中苯为35%~45%、甲苯为15%~26%、二甲苯为10%~14%。

除了芳烃以外,剩余的就是环烷烃和烷烃(亦称饱和烃)。重整脱戊烷油中环烷烃只占饱和烃的1/8左右;裂解加氢汽油中环烷烃的量却要占饱和烃的一半以上。

二甘醇溶剂对芳烃与环烷烃的选择性差别比对芳烃与烷烃的选择性差别小。根据相平衡估算,分离芳烃与环烷烃,抽提塔需要24~30块理论板;而分离芳烃与烷烃,抽提塔只需要12块理论板。所以溶剂抽提分离重整脱戊烷油和裂解加氢汽油是有区别的。

3.6.5.2 溶剂比的影响

自抽提塔底流出的抽出液为芳烃和少量轻质非芳烃在溶剂中的饱和溶液。在一定操作条件下,芳烃回收率是随溶剂量大小而变动的。当抽提原料油中芳烃和回流芳烃(或反洗液)全部溶解时,芳烃回收率为100%,这时所需的溶剂量为最大溶剂量,溶剂中将溶解较多的非芳烃,从而影响芳烃的纯度。当溶剂量过小时,抽余油中芳烃含量将随溶剂量的减少而增加,这样就降低了芳烃的回收率。根据这个简单的推理,溶剂比定义为L:

$$L = S/P_E(1+R)$$

式中　S——溶剂量,t/h;

　　　P_E——芳烃产量,t/h;

　　　R——回流比(回流芳烃质量/芳烃产品质量)。

由二甘醇抽提C_6~C_8馏分重整油工业装置有关数据,经整理绘制出溶剂比与芳烃回收率的关系,见图3-1;另外还列出了C_6~C_8馏分重整油二甘醇抽提中型试验数据有关溶剂比与芳烃回收率的关系,见图3-2。

从图3-1和图3-2可看出,当溶剂比较小时芳烃回收率随溶剂比变化明显,当溶剂比增大到一定程度时,芳烃回收率变化很小,这对工业装置的长期平稳操作是有利的。原因是富溶剂中允许存在易于分离的轻质芳烃,其可用抽提蒸馏分离,当溶剂比增大时,回流芳烃中芳烃含量下降,但回流芳烃中芳烃含量的下降又能反过来使富溶剂含油量下降(即溶解度下降),从而抵消了溶剂比变化的影响。但是要追求过高的芳烃回收率,则需要增大较多的溶剂比,会带来经济上的不合理。

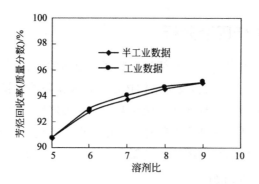

图 3-1 二甘醇抽提溶剂比与芳烃回收率的关系

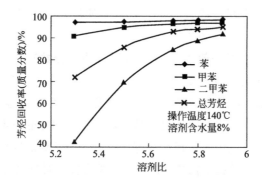

图 3-2 二甘醇抽提宽馏分溶剂比与芳烃回收率的关系

3.6.5.3 溶剂含水量的影响

在芳烃抽提装置中，几乎都用水作为第二溶剂来调节溶解能力和选择性之间的关系。例如二甘醇溶剂抽提芳烃工艺就是在溶剂中加入5%～10%的水来获得适宜的溶解能力和选择性的。图3-3列出了100℃温度下，正庚烷-甲苯-含水二甘醇体系的溶解能力和选择性随溶剂中含水量变化的关系。

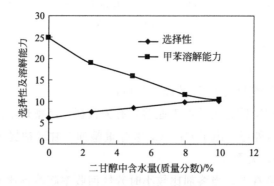

图 3-3 二甘醇溶解能力、选择性与溶剂中含水量的关系

从图3-3上可以看出溶解能力随着二甘醇中含水量的增加而下降，选择性则随着二甘醇中含水量的增加而升高。

从工艺角度来讲，溶剂含水量增加，溶解能力下降，就需要加大溶剂比，才能保持芳烃回收率不变，而选择性上升则可提高芳烃产品纯度或降低回流比保持芳烃纯度不变。

3.6.5.4 温度的影响

现有溶剂抽提芳烃工业装置的操作温度差别不大,二甲亚砜抽提温度接近常温,环丁砜抽提温度则在 50~100℃,而甘醇类溶剂抽提温度在 100~150℃,重要原因是低温下溶剂黏度大不利于流体输送和质量传递。图 3-4 列出了二甘醇溶剂含水 8%(质量分数)时,正庚烷-甲苯-含水二甘醇三元体系的溶解能力和选择性随温度变化的关系。

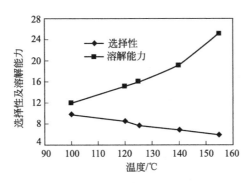

图 3-4 含水 8%时二甘醇溶解能力、选择性与温度的关系

从图 3-4 看出溶解能力随着温度的升高而增强,选择性随着温度的升高而下降。

从工艺操作来讲,温度升高,溶剂比可以降低,以保持芳烃回收率不变,而选择性下降,将导致芳烃纯度降低,为保持芳烃纯度不下降,则需增大回流比。

3.6.5.5 回流比(或反洗比)的影响

回流比是溶剂抽提芳烃工艺中的主要操作参数之一,它是调节芳烃产品纯度的重要手段。抽提塔底打回流与精馏塔顶打回流有些相似,回流将起到钝化作用,抽提塔内是油相与溶剂相逆流接触,逐板进行溶解与反溶解,使芳烃与非芳烃分离,同时也使轻、重非芳烃得到一定程度的分离。这样在抽提塔底就得到溶解了大量芳烃和少量轻质非芳烃的富溶剂,在抽提蒸馏部分从富溶剂中分离出这些轻质非芳烃就比较容易。因此,一般来讲,回流比大,芳烃产品纯度高;但回流比大也有不利的影响,一是增大热能消耗,二是要增大溶剂比来保持芳烃回收率不变。回流比与溶剂比是有内在联系且有一定依赖性的两个调节手段,是调节芳烃产品纯度和保持适当芳烃回收率的最重要的参数。

3.6.5.6 压力的影响

一般来讲,压力对液-液抽提本身无明显影响。但是,在操作温度下必须让抽提塔内所有化合物均保持液态,不产生气泡。若发生鼓泡现象,会影响抽提操作,降低传质效率。

3.6.5.7 抽提蒸馏操作的影响

二甘醇、三甘醇、四甘醇、环丁砜溶剂抽提芳烃工艺过程,实际上为液-液抽提和抽提蒸馏的联合过程。因此,二甘醇抽提工艺的抽提蒸馏汽提塔和三甘醇、四甘醇、环丁砜抽提工艺的抽提蒸馏(或提馏塔)塔是抽提系统的一个重要组成部分。由于抽提塔底出来的富溶剂中溶解了大量芳烃,同时也溶解了一定数量的非芳烃(如正己烷、甲基环戊烷、碳七异构烷烃、环己烷以及甲基环己烷等),要把这些非芳烃与芳烃中的苯分离,靠一般蒸馏是比较困难的。利用溶剂能改变芳烃与非芳烃的相对挥发度(溶解能力愈强,相对挥发度改变愈大),将富溶剂送至抽提蒸馏塔进行抽提蒸馏操作,就可以顺利地把芳烃与非芳烃分离开。

为了加强抽提蒸馏作用，环丁砜抽提过程有时还在富溶剂中加入二次溶剂（部分贫溶剂），进一步加大芳烃与非芳烃的相对挥发度，以提高芳烃产品纯度。

3.6.5.8 汽提水用量的影响

在汽提塔底加入汽提水，目的在于把芳烃从溶剂中分离出来，同时获得稳定含水量的贫溶剂，以循环利用。一方面水蒸气起到降低分压的作用，另一方面芳烃与水能形成共沸物，有利于芳烃的蒸出。

轻芳烃（苯、甲苯、二甲苯）与水生成共沸物，它们的共沸点和组成见表3-10。

表3-10 芳烃与水共沸物沸点和组成

体系	共沸点	共沸物中含水量(质量分数)/%
苯-水	69.3	8.83
甲苯-水	84.1	13.5
二甲苯-水	92	35.8

汽提水用量的多少，以保证汽提塔底出来的贫溶剂中芳烃含量小于千分之一为宜。通常认为应略大于共沸物含水量，一般为贫溶剂量的2%～4%。汽提水量太少将增加贫溶剂中的芳烃含量，影响抽提操作，增加抽余油中的芳烃含量，降低芳烃回收率；汽提水用量太多，将增大汽提塔底重沸器的热负荷，增加能耗。

总之，芳烃抽提过程中工艺操作影响较多，前面所述只是一般的定性分析，各因素之间的定量关系，在芳烃抽提工艺过程模拟系统中才能定量地表达出来。

第 4 章 连续重整车间安全生产注意事项

4.1 连续重整装置安全技术

连续重整以石脑油（又称粗汽油）为原料，它是一种易燃易爆的物质，自燃点为415～530℃（汽油）。与空气混合形成爆炸性气体［爆炸范围为1.2%～6.0%（体积分数）］。

连续重整过程使用和产生大量氢气，氢气是一种极易燃烧和引起爆炸的可燃性气体，爆炸范围为4.0%～75%（体积分数），一不小心就可能引发爆炸事故。催化剂再生和装置停工检修都要用氮气吹扫置换，设备内有可能残存氮气，如果不小心谨慎，就会造成人员窒息事故。

连续重整产品含有较多的芳烃，这些苯类产品对人体健康有很大的危害，而且连续重整装置使用γ射线固体料位计来测定催化剂料面，如果防护不当，将对人身造成辐射伤害。因此，做好催化重整装置的环境保护工作也是十分重要的。

特别是由于连续重整为下游装置提供化工原料（苯类）和廉价氢气，使装置成为所在企业的龙头装置，其安全运行、平稳操作对整个企业有着十分重要的核心作用。

4.1.1 连续重整装置的一般安全技术

连续重整装置同所有石油化工装置一样，除了应遵守所属公司（厂）有关安全技术要求外，还必须遵守国家有关安全技术规范和规定。如人身安全十大禁令；防火、防爆十大禁令；防止储罐跑油（料）十条规定；防止中毒窒息十项规定；防止静电危害十条规定；防止硫化氢中毒十条规定；生产使用氢气十条规定；使用液化石油气及瓦斯安全规定等。

装置的设计、扩建和改造必须符合国家安全标准、安全技术规范和规定。

全体操作人员和管理人员必须牢固树立安全第一的思想，确保装置安全生产、平稳操作。

上岗人员必须经考试合格，持有安全作业证，严禁无证上岗。

严格遵守操作规程和各种规章制度。车间技职管理人员有章可循，健全各种规章制度和管理机制，用现代化的科学技术，加强对职工的教育，提高操作人员的技术水平和防范意识，保证装置安全运行。

4.1.2 设备使用安全技术

设备的完好是保证装置平稳操作的基础，特别是对于重整这样的高温临氢装置尤其如此，一旦设备出现故障，将会对安全生产造成极大的威胁。因此，设备的合理正确使用，以及加强设备的维护保养是十分重要的。

① 装置临氢系统在氢气和硫化氢存在的情况下运转，因此要严格控制材料的使用范围。碳钢材料的使用温度不得超过250℃。超过250℃要采用合金或不锈钢。

② 加热炉炉管内无介质流动时，碳钢管炉膛温度不得超过350℃，合金钢管炉膛温度不得超过400℃。

③ 为了减少引风机及省煤器漏点腐蚀，引风机入口温度不低于130℃。

④ 设备启用时开阀要慢，防止骤冷骤热后泄漏或水击超压憋坏设备，换热器投用应先投用冷物料侧后投用热物料侧，且管壳程温差不可过大，浮头式换热器单向受热温差不得超过130℃，固定管板式不允许单向受热。

⑤ 生产中检修设备必须将设备与系统隔开，设备内温度不大于60℃，并确认设备内无压力，方可拆卸。

⑥ 安全阀、放空阀安装时，不得将放空口对着高温设备管线，以避免着火。

⑦ 加热炉点火前，蒸汽应脱水后向炉内吹蒸汽直至烟囱冒蒸汽10min，爆炸分析合格后立即点火。如中间熄火应将油气阀门关死后再用蒸汽吹扫，直至烟囱冒蒸汽10min才能进行第二次点火，以免瓦斯等在炉内引起爆炸，炉膛必须保持负压（20～40Pa），不允许正压。

⑧ 冬季对运转和临时停用的设备、水管、汽管、控制阀等，要采取防冻防凝措施。

⑨ 电机启动电流是额定电流的5～7倍，所以电机的多次启动容易引起电机发热，甚至烧坏，因此，一般运转后停机就连续启动不允许超过两次，其他冷却电机也不得超过3～5次。

4.1.3 压力容器使用与维护

① 压力容器使用前必须取得《压力容器使用登记证》，有证后方准正式投入使用。

② 各岗位操作人员应熟识各压力容器的操作压力、操作温度、安全阀定压值，并严格控制各工艺指标在指定的范围内，不得超温、超压运行。如需提高操作条件，须经有关单位同意批准。

③ 操作人员须严格遵守安全操作规程、严格执行岗位责任制。应定时、定点、定线对压力容器进行巡回检查，发现不正常现象应及时处理。

④ 压力容器的安全附件，如安全阀、压力表、液面计、消防蒸汽线、放空阀必须齐全、灵敏可靠。

a. 压力表。容器压力表的选用须与容器介质相适应。容器操作压力<1.6MPa的低压容器上装设的压力表精度不得低于2.5级；操作压力≥1.6MPa的高中压容器，压力表精度不得低于1.5级。压力表量程应为容器最高工作压力的1.5～3倍，一般取2倍为宜。压力表刻度上应画有红线，以指示容器的最高工作压力。

b. 安全阀。按规定，压力容器要求装安全阀，每年检修期间对安全阀检验一次，进行清洗、研磨、零件更换，定压和气密试验。经检验合格后打上铅封。安全阀的定压值，应按设计图纸规定执行。如无明确规定，可按容器操作压力的1.1倍确定，安全阀的定压值不得随意增加或降低，也不得超过容器的设计压力。运行中压力容器安全阀起跳作为操作事故对待。应及时找出原因，提出预防措施。起跳失灵的安全阀必须重新定压，并记录在案。

c. 监测容器温度、压力、流量等的仪表应完好可用，其高低限报警系统也应完备好用。若发现仪表出现故障，岗位操作人员应及时联系仪表工处理，不允许超限操作，也不允许实际没超限而报警；指示灯常亮，以保证报警系统的可靠性、灵敏性。

d. 容器的玻璃液面计和液面仪表应灵敏完好可用。

⑤ 容器升温升压、降温降压，应严格按照工艺操作规程执行，不得随意加快升降温、升降压的速度。升降压的速度不得大于1.2MPa/h，升降温速度不得大于30℃/h。

⑥ 压力容器不得带负荷检修，对于反应器等因要求在开车升温时需带压紧固法兰螺栓时，须制定安全操作规程，并切实采取有效的防护措施。

⑦ 对氢气、氮气瓶及其他液态烃、易燃介质的压力容器须做好保温保冷工作，夏季防晒、冬季防冻，当气温低时，对可能有存水的容器须放尽存水，以防冻坏阀门、管线和设备。

⑧ 所有容器的接地线应完好。

⑨ 容器检修前，应将容器内存有的介质放空，压力放尽，温度降至60℃以下，加好盲板，并进行置换吹扫，经取样分析合格（含氧量＞20%，有毒气体浓度＜允许浓度）后方可进行作业。

⑩ 容器启用前，要先拆除因检修需要加的盲板，并检查人孔是否已封好，各紧固件是否已紧固，阀门已处于需要的开关状态，安全阀已装好且截止阀已开，压力表阀打开，与温度、压力、液面等相关的仪表经检验好用后，方可投入使用。

⑪ 容器长期停用，应进行封存和保养，容器内存有的介质应放干净，并尽可能地用氮气置换或用蒸汽吹扫干净，严防容器内剩余介质引起反应或腐蚀，容器与系统的连接法兰应加盲板，放空打开，敞开的密封面加润滑脂防锈，有条件的情况下，注入氮气封存。

⑫ 新容器投用前及对旧容器定期进行耐压试验后，才能与整个系统一起进行气密试验。

4.1.4　工业管道的使用与维护

① 操作人员定时、定点、定线地巡回检查管道、阀门、部件和运行状况。如发现异常现象应及时采取措施，及时进行处理。

② 对于生产流程的要害部位，如加热炉的出入口、塔底部、反应器底部、压缩机进出口、预加氢、重整、加氢进料泵出入口、溶剂泵、热载体泵出入口等处的管线，工作条件苛刻的管道及管线易被忽视的部位、易形成"盲肠"的部位必须进行重点检查和维护。

③ 管道应按规定，每次岗检或大检修时对所有的管道进行外部检查，每年对三类管线进行检查，每两年对四类、五类管线进行重点检查，每六年对所有的管线进行全面检查。

④ 管道检修前应对其进行置换、清洗吹扫，经化验合格，切断盲板使施工部分与其他管道隔开，管道拆卸前应确认已降至常温、常压，拆法兰螺栓时，人不得正对法兰，防止残

压或存液泄出而发生意外事故。

⑤ 高温管线在运行中,严禁带压处理缺陷,在试验中需加紧时,尽量使管道压力降低,紧固要适度,并采取安全技术措施。工作温度＜350℃,在其工作温度下进行二次热紧。若＞350℃,须在250℃时和工作温度时,分别进行二次热紧。

⑥ 阀门在安装时,应使阀门处于关闭状态。选用的阀门的工作参数(公称压力、温度、耐腐蚀性等)应不低于管道的相应参数。阀门损坏后,新更换的阀门应与原阀门规格型号一致,不得随意更换。

⑦ 管道系统的试验,新管道或检修的管道应按规定做耐压或气密试验。

a. 耐压试验一般用水进行,注水时应排尽空气,对奥氏体不锈钢管道试验时水中氯离子不得超过25mg/kg;

b. 耐压试验压力一般为设计压力的1.25~1.5倍,气密试验压力为最高工作压力,升压应缓慢进行,达到试验压力后,以0.1MPa/min为宜,保持10~20min,然后降至最高工作压力进行检查;

c. 气压试验以氮气为介质,压力为设计压力的1.15倍,真空管道压力为0.2MPa,升压也应缓慢进行,压力升到试验压力后稳定5min,然后降至最高工作压力进行检查;

d. 气密试验应在耐压试验合格后进行,介质也用氮气,试验压力不超过最高工作压力,真空管道的气密试验压力不小于0.1MPa,升压须缓慢进行,同时进行泄漏检查。

4.1.5 "手机、呼机、对讲机"的安全使用

① 装置出现非正常生产、紧急停工、大量氢气或瓦斯发生泄漏时,应立即停止使用以上通信工具,关机并集中存放。

② 装置出现突发性事故,设备发生泄漏,油气大量泄漏,现场充满可燃性爆炸气体时,应立即停止使用以上通信工具,并集中存放。

③ 罐区操作员在脱水及油品检尺时,现场充满可燃性爆炸气体,应停止使用以上通信工具,并集中存放。

④ 在进行容器内作业、塔内作业、加热炉内作业、设备防腐刷漆及含油下水井、沟作业时,应停止使用以上通信工具,并集中存放。

⑤ 在进行油品装、卸作业时,应停止使用以上通信工具,并集中存放。

⑥ 操作人员进行现场作业、油品气体采样、原料脱水、瓦斯罐脱液,配合仪表人员检验仪表一次表、泵体排空、拆装设备法兰及管线等时,应停止使用以上通信工具,并集中存放。

⑦ 在停工过程中,油品进行排放、设备吹扫,现场充满大量可燃性气体时,应停止使用以上通信工具,并集中存放。

4.1.6 安全检修措施

① 进入检修现场必须戴好合适的安全帽及防护用品。

② 严格按规定定人负责设备管线吹扫。

③ 瓦斯、液态烃、汽油管线必须用蒸汽吹扫,严禁用空气吹扫。

④ 加盲板必须做好登记，拆除盲板必须消除登记。

⑤ 用火必须坚持严格执行《安全用火管理制度》，做到"三不动火"，即无合格用火作业证不动火、安全防火措施不落实不动火、监火人不在场不动火。

⑥ 打开设备人孔时，其内部温度、压力应降至安全条件下，并从上而下依次打开。

⑦ 塔、容器检修后，封闭人孔之前，设备内应干净，经设备技术人员认可后，方可封闭。

⑧ 进入塔、容器必须办理进塔容器作业票，措施不落实，或无作业票不准进入塔、容器作业。

⑨ 进入容器用的检查灯必须使用12V的低压防爆灯，检验仪表和修理工具使用电源电压超过36V时，必须采用绝缘良好的软线和可靠的接地线并经主管部门批准方可使用。

⑩ 2m及2m以上的高空作业必须系安全带。

⑪ 交叉作业必须落实好安全措施，防止落物伤人。

4.1.7 开工安全措施

① 装置检修后开工，必须在开工安全检查全部签完后方可投料开工。装置检修完毕，必须严格执行"四不开工"的规定，即施工质量不好不开工、堵漏不彻底不开工、安全设施不好不开工、卫生不好不开工。

② 检修中新上的项目、工艺的改变、设备的改造必须由工艺、设备技术人员交底说明，操作工考核不合格不准上岗。

③ 认真学习、讨论、掌握开工方案，开工方案理解不透不准上岗。

④ 严格执行操作规程，不按点炉步骤操作不准点炉。

⑤ 严格执行开工方案，不准超温、超压、超负荷。

⑥ 开工进料前要检查流程，并关闭所有阀门和导凝、放空阀，按方案、步骤打通流程。

⑦ 严格执行岗位责任制，认真进行岗位现场交接班，交接不清楚不准接班。

4.2 连续重整装置的重大危险源及防范措施与现场急救

4.2.1 连续重整装置的重大危险源

4.2.1.1 苯

苯为无色具有特殊芳香味的气体，已被世界卫生组织确定为强烈致癌物质。苯是近年来造成儿童白血病患者增多的一大诱因。人在短时间内吸入高浓度苯时，会出现中枢神经系统麻醉现象，轻者出现头晕、头痛、恶心、呕吐、胸闷、乏力等，重者昏迷，甚至因呼吸、循环系统衰竭而死亡。如果长期接触一定浓度的苯，会慢性中毒，出现头痛、失眠、精神萎靡不振、记忆力减退等神经衰弱症状。苯对眼睛有刺激作用，对皮肤有脱脂作用，可引起炎症、起疱、干燥和表皮脱落。

较低浓度的苯蒸气，对呼吸道有轻度刺激作用，作用于神经系统，引起倦睡、眩晕、头痛、头昏、恶心、动作协调能力下降。高浓度苯引起判断和感觉能力下降，平衡觉障碍、耳鸣、意识丧失、死亡，麻醉作用表现突出。

4.2.1.2 甲苯

甲苯对皮肤、黏膜有刺激性，对中枢神经系统有麻醉作用。短时间内吸入较高浓度本品（甲苯急性中毒）可出现眼及上呼吸道明显的刺激症状，眼结膜及咽部充血，头晕、头痛、恶心、呕吐、胸闷、四肢无力、步态蹒跚、意识模糊。重症者可出现躁动、抽搐、昏迷症状。长期接触（甲苯慢性中毒）可引发神经衰弱综合征，肝肿大，女工月经异常等。作用于皮肤可导致皮肤干燥、皲裂、皮炎。

4.2.1.3 环丁砜

环丁砜又名四氢噻吩-1,1-二氧化物，为无色透明液体，是一种优良的非质子极性溶剂，可与水、丙酮、甲苯等互溶。也是石油化工上芳烃抽提工艺中的理想试剂。

环丁砜可燃，具有腐蚀性，可致人体灼伤。

4.2.1.4 单乙醇胺

若皮肤接触单乙醇胺会引起轻微刺激。若眼睛接触会造成眼损伤。若吸入本品蒸气可引起呼吸道不适感。若食入则会引起胃肠不适，损伤口腔和消化道。

遇高热、明火或与氧化剂接触，有引起燃烧的危险。与硫酸、硝酸、盐酸等强酸发生剧烈反应。

4.2.1.5 硫化氢

硫化氢是可燃性无色气体，具有典型的臭鸡蛋味，分子量为34.08，对空气的相对密度为1.19，熔点为-82.9℃，沸点为-60.3℃，易溶于水，20℃时2.9体积气体溶于1体积水中，亦溶于醇类、二硫化碳、石油溶剂和原油中。20℃时蒸气压为1874.5kPa，空气中爆炸极限为4.3%～45.5%（体积分数），自燃温度为260℃，它在空气中的最终氧化产物为硫酸和（或）硫酸根阴离子。

硫化氢是强烈的神经毒物，对黏膜亦有明显的刺激作用。

急性毒性：较低浓度，即可引起呼吸道及眼黏膜的局部刺激作用；浓度愈高，全身性作用愈明显，表现为中枢神经系统症状和窒息症状。

慢性毒性：长期低浓度接触硫化氢会引起结膜炎和角膜损伤。

4.2.1.6 氮气

氮气为无色无味气体，对空气的相对密度为0.967，本身不燃烧，也不助燃，是一种良好的灭火剂，微溶于水，化学性质不活泼，空气中氮含量逐渐升高时，导致人呼吸困难，甚至死亡。

4.2.1.7 γ射线

连续重整装置利用γ射线检测催化剂料面。它以核辐射检测技术为基础，通过测量γ射线与被测物质（催化剂）相互作用所产生的辐射强度变化，从而测定料面的变化。料位计由信号检测装置和信号转换器两部分组成。检测装置由射线源、容器和射线探测组成。放射源一般选用钴60或锶137等放射性物质。放射源放在铅制的容器中，工作时才打开开口，以减少对环境的危害。

4.2.2 连续重整装置危险物质防范措施

有毒、有害物侵入的途径一般通过人的呼吸道吸入或通过消化道食入，以及皮肤的吸收。因此，要有效地减少和避免有毒、有害物质对职工的侵害，就要了解其特性、危害及有关防护知识。

① 保持防毒面具齐全完好，存放在操作室，并定期检查，做到人人懂性能，人人能正确使用；
② 对设备和工艺进行严格的管理，防止跑、冒、滴、漏；
③ 加强作业场所的通风；
④ 穿戴好劳动保护用品及保险防护用品，如防护帽、安全防护眼镜、防护服、防护手套等；
⑤ 采样、切水人员要站在上风口；
⑥ 对有易燃毒物的作业环境，作业时要穿戴好防静电服装；
⑦ 运输、储存易燃毒物，要严格遵守有关防火防爆规定；
⑧ 严禁在有毒有害物质存在的作业场所进食、饮水；
⑨ 有毒、有害物质泄漏时，要保持场所通风，泄漏物为易燃物时，要切断一切火源；
⑩ 进入塔、容器内检查作业，必须严格执行进塔、进容器的有关规定，办理进塔、进容器作业票。

4.2.3 现场急救

若发现有人中毒，应立即使中毒者脱离现场，到通风处（或上风口）施行抢救。呼吸困难者输氧，呼吸停止者立即进行人工呼吸，直至医院救护人员赶到。

对皮肤接触中毒者，脱去污染衣物，用大量肥皂水及清水冲洗。

对眼睛污染者，立即翻开上下眼睑，用流动清水冲洗。

对误食者要采取措施漱口或尽快就医洗胃。

4.3 连续重整装置特殊作业时的安全规范

特殊装置作业时的安全规范如下。
① 特殊用火作业许可由公司主管生产、安全领导共同审批。
② 一级用火作业许可由安环部负责人审批，二级用火作业许可由用火所在单位负责人审批。
③ 临时用电作业许可由电修车间负责人审批。
④ 起重（吊装）作业许可由安环部负责人审批。
⑤ 二类以上高处作业许可由安环部负责人审批。
⑥ 盲板抽堵作业许可由作业所在单位负责人审批。
⑦ 进入受限空间作业由安环部负责审批。
⑧ 各单位在实施各类安全作业时，为确保作业安全，必须配备专人监护。

⑨ 在施工作业过程中甲、乙双方交底一定要清楚，外来施工单位必须按甲方代表现场交底的施工要求施工，不得损坏仪表管线和电缆线等设施。

⑩ 施工人员进入生产、检修、施工现场作业，必须穿戴好所需劳动防护用品，如安全帽、劳动鞋、工作服。

⑪ 架子工及登高作业不得穿硬底鞋，高空作业必须系好安全带。

⑫ 凡进入含有有毒、有害物质的场所，根据有毒、有害气体的种类和浓度，必须选择佩戴合适的防护器具。

⑬ 凡进入高电压场所，必须根据电压高低选择适当的绝缘防护用品并穿戴好绝缘手套、绝缘鞋等。

⑭ 凡进入酸碱及含腐蚀性物质的场所作业，必须穿戴防护服、防护眼镜、防护手套等。

⑮ 生产装置区均为防火区域，严禁携带各类火种、引火物、易燃易爆和有毒的物品进入防火区域。

⑯ 严禁施工人员使用汽油及各种有机溶剂擦洗各类设备、机件、衣服、地板、门窗等，也不得用柴油以及其他轻质油品清洁设备、擦洗高温管线上的油污。

⑰ 在易燃易爆区域内，严禁用黑色金属器具敲打物件。

⑱ 施工人员、检（抢）修人员不得擅自开启各类阀门（事故状态下，消防水阀除外），确属施工需要，必须经过生产车间同意，车间派人配合。

⑲ 设备检修完毕后由检修单位会同设备所在单位和施工主管部门，对检修的设备进行单体和联动试车，验收交接。

⑳ 室内固定用火区应以实体防火墙与其他部分隔开，门窗向外开，道路要畅通。

㉑ 在禁火区内，除生产工艺用火外，其他可产生火焰、火花和表面炽热的长期作业（如化验室用的电炉、电热器、酒精炉等），均须办理《用火作业许可证》。

㉒ 用火作业施行分级管理，根据用火部位的危险程度，用火分为特殊用火、一级用火、二级用火、固定用火。特殊用火指在生产运行状态下的易燃易爆物品生产装置、输送管道、储罐、容器等部位上及其他特殊危险场所的动火作业。如：在带有可燃或有毒介质的容器、设备、管线上作业；在未拆除易燃填料的凉水塔内施工等用火作业。

㉓ 遇节、假日或生产不正常情况下的用火，应升级管理。

㉔ 用火作业必须办理《用火作业许可证》，进入受限空间、临时用电处、高处等进行动火作业，还须办理相应的作业许可证。

㉕ 凡盛有或盛过化学危险物品的容器、设备、管道等生产、储存装置，必须在动火作业前进行清洗置换，经分析合格后，方可动火作业。

㉖ 高空进行动火作业，其下部地面如有可燃物、空洞、阴井、地沟、水封等，应检查分析，并采取措施，以防火花溅落引起火灾爆炸事故。

㉗ 拆除管线的动火作业，必须先查明其内部介质及走向，并制订相应的安全防火措施；在地面进行动火作业，周围有可燃物，应采取防火措施。动火点附近如有阴井、地沟、水封等应进行检查、分析，并根据现场的具体情况采取相应的安全防火措施。

㉘ 在生产、使用、储存氧气的设备上进行动火作业，其氧含量不得超过21%。

㉙ 五级风以上（含五级风）天气，禁止露天动火作业。因生产需要确需动火作业时，

动火作业应升级管理。

㉚ 动火作业应有专人监火，动火作业前应清除动火现场及周围的易燃物品，或采取其他有效的安全防火措施，配备足够适用的消防器材。

㉛ 动火作业前，应检查电、气焊工具，保证安全可靠，不准带病使用。

㉜ 动火作业完毕，应清理现场，确认无残留火种后，方可离开。

㉝ 特殊动火作业过程中，必须设专人负责监视生产系统内压力变化情况，使系统保持不低于 100 毫米水柱正压。低于 100 毫米水柱压力应停止动火作业，查明原因并采取措施后，方可继续动火作业。严禁负压动火作业。

㉞ 动火分析的取样点要有代表性，特殊动火的分析样品应保留到动火结束。

㉟ 如使用测爆仪或其他类似手段时，被测的气体或蒸气浓度应小于或等于爆炸下限的 20%。

㊱ 使用其他分析手段时，被测的气体或蒸气的爆炸下限大于等于 4% 时，其被测浓度小于等于 0.5%；当被测的气体或蒸气的爆炸下限小于 4% 时，其被测浓度小于等于 0.2%。

㊲ 《用火作业许可证》不准转让、涂改，不准异地使用或扩大使用范围。

㊳ 特殊用火和一级用火必须对现场及设备内危害因素经分析合格后方可进行，其用火证的有效时间不超过 8h。

㊴ 二级用火分日常用火和大修期间用火，日常《用火作业许可证》有效时间为 24h，大修期间《用火作业许可证》有效时间为 72h。

㊵ 用火监护人员负责用火现场的安全防火检查和监护工作，要指定责任心强、有经验、熟悉现场、掌握灭火方法的人担当，监火人需在用火证上签字认可。监火人在作业中不准离开现场，当发现异常情况时应立即通知停止作业，及时联系有关人员采取措施，作业完成后，要会同用火项目负责人、用火人检查、消除残火，确认无遗留火种，方可离开现场。

㊶ 使用溶解乙炔气瓶时，禁止敲击、碰撞、暴晒、倾倒和卧放，必须装设乙炔专用的减压阀和回火防止器。在检修现场，溶解乙炔气瓶不得置放在通风不良的地方或放在橡胶等绝缘体上，在现场的储存量不得超过 5 瓶。应使用乙炔专用的橡胶软管。氧气软管和乙炔软管的颜色应有区别。

㊷ 取样与用火作业的时间不得超过 30min；如超过此间隔时间或用火停歇时间超过 30min 以上必须重新分析。

㊸ 必须具备相应的消防设施，一旦着火，可立即用灭火器材扑救。草坪上用火，草坪应用水浇湿、浇透，防止草坪着火。

㊹ 用火点周围 15m 内的易燃物必须清理。工业污水井必须执行二层封堵法，即第一层为石棉布，第二层为泥土。

㊺ 用火设备或管线必须与生产系统完全隔绝，所用盲板要符合压力等级要求，而不能用白铁皮、石棉板等材料代替。

㊻ 作业前 30min 内，必须对设备内气体采样分析，分析合格后办理《进入受限空间作业许可证》，方可进入设备。

㊼ 作业中要加强定时监测，情况异常立即停止作业，并撤离人员；作业现场经处理后，取样分析合格方可继续作业。

㊽ 作业人员离开设备时，应将作业工具带出设备，不准留在设备内。

㊾ 涂刷具有挥发性溶剂的涂料时，应做连续分析，并采取可靠通风措施。

㊿ 设备内照明电压应小于等于36V，在潮湿容器、狭小容器内作业应小于等于12V。

(51) 使用超过安全电压的手持电动工具，必须按规定配备漏电保护器。

(52) 临时用电线路装置，应按规定架设和拆除，要保证线路绝缘性良好。

(53) 设备内作业过程中，不能抛掷材料、工具等物品，交叉作业要有防止层间落物伤害作业人员的措施。

(54) 设备外要备有空气呼吸器、消防器材和清水等相应的急救用品。

(55) 进入设备前，监护人应会同作业人员检查安全措施，统一联系信号。

(56) 受限空间监护人员不得脱离岗位。

(57) 设备内事故抢救，救护人员必须做好自身防护，方能进入设备内实施抢救。

(58) 设备内作业因工艺条件、作业环境条件改变，需重新办理《进入受限空间作业许可证》，方准许继续作业。

(59) 凡在厂区内地面进行开挖、掘进、钻孔、打桩等多种破土作业，必须办理《破土作业许可证》，经有关部门审批后，方可破土。

(60) 破土作业中，当遇有地下情况不明时，应停止作业，立即报告工程主管部门处理。

(61) 挖土机在建筑物附近工作时，距离建筑物基石、墙柱至少1m以上。

(62) 当发现土层有可能坍塌时，应立即离开作业面，采取防护和加固措施后再进行作业。

(63) 在坑、沟内破土作业，应注意有毒、有害气体的监测，保持通风良好，并配备一定的防护器具，如遇有毒气体，应立即停止作业、撤离现场。

(64) 各种起重作业前，应预先在起重现场设置安全警戒标志并设专人监护，非施工人员禁止入内。

(65) 起重作业严禁利用管道、管架、电杆、机电设备等做起重锚点。

(66) 起重作业时任何人不得随同起重重物或起重机械升降。

(67) 悬吊重物下方严禁站人、通行和工作。

(68) 高处作业所使用的工具、材料、零件等必须装入工具袋，上下时手中不得持物；不准投掷工具、材料及其他物品；易滑动、易滚动的工具、材料堆放在脚手架上时，应采取措施，防止坠落。

(69) 高处作业与其他作业交叉进行时，必须按指定的路线上下，禁止上下垂直作业，若必须进行垂直作业时，须采取可靠的隔离措施。

(70) 一级高处作业和一般高处作业由车间负责审批；二级、三级高处作业及化工工况高处作业由车间审核后，报公司安环部审批；特级高处作业和特殊高处作业由厂安环部审核后，报公司主管领导或总工程师审批。

(71) 严禁涂改、转借《盲板抽堵作业许可证》。变更作业内容、扩大作业范围或转移作业部位时，须重新办理《盲板抽堵作业许可证》。

(72) 抽堵盲板时对作业审批手续不全、安全措施不落实、作业环境不符合安全要求的，作业人员有权拒绝作业。

4.4 连续重整装置现场用火作业安全要求

4.4.1 现场交底

现场作业前,作业所在单位人员与施工人员进行以下方面的现场交底:
① 施工项目的具体内容;
② 装置、设备的生产特点和 QHS 要求;
③ 周围环境和作业对象的潜在危险和应急措施;
④ 具体的工作位置。

4.4.2 用火管理范围

在厂区具有火灾、爆炸危险场所内进行以下作业或使用其中设施均应纳入安全用火管理范围。
① 各种焊接、切割作业;
② 使用喷灯、火炉、液化气炉、电炉的作业;
③ 锤击物件和产生火花的作业;
④ 临时用电、使用不防爆的电动工具和不防爆的电器等的作业。

4.4.3 用火前分析

用火前必须按规定进行用火分析,分析判定合格后方可用火。

取样要有代表性,塔类取样要求测上、中、下三个点,储罐应在物料进、出口的中下部,卧式容器要在两端取样,采样时要把采样器伸到设备内部。切不可在人孔处采样,此样因空气对流是不准确的。

4.4.4 用火前准备

安全隔绝:设备上所有与外界连通的管道、孔洞均应与外界有效隔离。设备上与外界连接的电源应有效切断。

① 管道安全隔绝可采用插入盲板或拆除一段管道进行隔绝,不能用水封或阀门等代替盲板或断开法兰。
② 电源有效切断可采用取下电源保险熔丝或将电源开关拉下后上锁等措施,并加挂警示牌。

4.4.5 清洗和置换

进入设备内作业前,必须对设备内进行清洗和置换,并进行危害分析,须达到下列要求:
① 氧含量在 18%~21%;
② 有毒气体浓度在 $10mg/m^3$ 以下;
③ 可燃气体浓度在 0.2%以下。

4.4.6 防护措施

进入不能达到清洗和置换要求的设备内作业时，必须采取相应防护措施。
① 在缺氧、有毒环境中，应佩戴正压式空气呼吸器；
② 在易燃易爆环境中，应使用防爆型低压灯具及不产生火花的工具，不准穿戴化纤衣物；
③ 在酸、碱等腐蚀性环境中，应穿戴好防腐蚀防护用品。

4.5 连续重整装置现场的环境保护

4.5.1 催化重整装置环境保护的基本原则

"保护环境"是我国发展经济的基本原则之一。催化重整装置和其他炼油厂装置一样，在保证安全生产的条件下，应尽可能地减少装置"三废"排放量。基本原则如下：
① 岗位人员应精心操作，杜绝跑油、冒罐事故，尽可能地减少装置泄漏点；
② 含硫、含碱、含油污水严格按有关规定分流管理，不得乱排乱放；
③ 各回流罐、原料罐、成品罐切水，现场不得离人，回流罐切水时，盯好玻璃板对应的界位，防止切水带油，油水界面计应好用；
④ 各机泵维修时（尤其是苯类产品泵），应将泵体内介质回收至地下污油罐，严禁乱排乱放；
⑤ 化验室采样时，采样瓶内存油及采样置换油必须倒入指定的采样污油回收系统，严禁乱倒，条件允许应采用密闭采样，消除样品的污染；
⑥ 装置在开工过程中严禁乱排乱放现象，发生停工时必须将管线、塔器内残油尽可能低退入原料油罐或地下污油罐，通过地下污油罐送出装置；
⑦ 定期进行环保监测，出现不合格情况应立即查明原因，着手整改；
⑧ 对于老化溶剂、废脱氯剂、废脱砷剂、废分子筛、废干燥剂等废渣，应与环保部门联系运出装置统一处理；
⑨ 加强对隔油池、水封罐操作的管理，定期对隔油池隔出的浮油进行回收；
⑩ 加强对设备的维护、维修及管理，利用新技术、新产品、新设备降低装置噪声，减少设备的泄漏，提高工作环境质量；
⑪ 加强各种流体介质的走向管理，严禁乱排乱放；
⑫ 严禁再生器系统酸性气体不经处理随意排空污染大气；
⑬ 定期对装置内循环水系统的回水进行采样，检查各换热器的内漏情况，发现问题及时上报处理，严禁循环回水带油，影响环保；
⑭ 对γ射线料位计的防护设施进行定期检测，确保符合国家防护规定指标。

4.5.2 催化重整装置的"三废"处理

4.5.2.1 废水

（1）废水污染源　催化重整装置的"废水"分含油污水、含硫污水、含盐污水等几大类。含油污水主要来自预分馏塔回流罐、蒸发脱水塔回流罐、芳烃抽提汽提塔回流罐和苯塔回流罐等；含硫污水主要来自预加氢气液分离罐；含盐污水来源于再生洗涤塔，生产废水来源于废热锅炉所排污水。它们所含污染物的量仅以某石化芳烃厂为例，如表4-1所示。

表4-1 某石化芳烃厂"废水"排放状况及去向

废水类别	排放地点	主要污染物排放浓度/(mg/L)及pH值				排放规律	排放去向
		油	硫	COD	酚	pH值		
PX装置的含油污水	歧化、芳烃分馏、废热锅炉排水、吸附分离、异构化等装置	50~100	10	500	5	7	连续	污水处理厂
		50~100	—	200~300	—	7	间断	
含硫污水	预加氢气液分离罐	100	2000	5000	10	8~10	间断	
生活污水	中央控制室	SS,COS					间断	
生产废水	锅炉连续排污	无机盐					连续	污水厂或直排
含盐污水	再生洗涤塔	含 $NaCl$、Na_2CO_3、$NaHCO_3$					连续	污水处理厂

（2）废水的治理 对生产过程中产生的各种"废水"的治理以清污分流、分类处理为原则，选用经济合理、技术可行的处理方案，处理后达到标准再排放。

含油污水，包括塔、容器、机泵排出的含油污水和泵房地面冲洗水等应集中于装置边沿流出口并设置隔油设施，进行污油回收，使污水含油达到厂规定的指标后再排入厂污水管网。

含硫污水一般应送入厂含硫污水处理装置统一处理，进行硫回收，而不应该排入污水管网。

处理后的污水最终应达到国家综合排放标准（如表4-2）。

表4-2 污水综合排放标准

序号	名称	一级标准	二级标准	三级标准
1	pH值	6~9	6~9	6~9
2	色度/(mg/L)	≤50	≤80	
3	悬浮物/(mg/L)	≤70	≤200	≤400
4	BOD_5/(mg/L)	≤30	≤60	≤300
5	COD/(mg/L)	≤100	≤150	≤500
6	石油类/(mg/L)	≤10	≤10	≤30
7	挥发酚/(mg/L)	≤0.5	≤0.5	≤2.0
8	硫化物/(mg/L)	≤1.0	≤1.0	≤2.0
9	氨氮/(mg/L)	≤15	≤50	
10	氰化物/(mg/L)	≤0.5	≤0.5	≤1.0

4.5.2.2 废气

重整装置的废气主要包括燃烧废气和无组织挥发性气体。

燃料废气主要是各加热炉燃料燃烧所产生的烟气，通过烟囱直接排入大气。烟气中的主要污染物有二氧化硫、氮氧化物、粉尘。其含量与燃料气（油）含量有关。为了减少硫对环境的污染，应采用低硫燃料和对燃料进行脱硫等技术措施。烟气中允许硫化物的排放浓度与烟囱的高度有关。详见表4-3。

表 4-3 现有污染源大气污染物排放限值（摘录）

序号	污染物	最高允许排放浓度 /(mg/m³)	最高允许排放速率/(kg/h)				无组织排放监控浓度限值	
			排气筒/m	一级	二级	三级	监控点	浓度/(mg/m³)
1	二氧化硫	1200 （硫、二氧化硫、硫酸和其他含硫化合物生产）	15	1.6	3.0	4.1	无组织排放源上风向设参照点，下风向设监控点	0.50 （监控点与参照点浓度差值）
			20	2.6	5.1	7.7		
			30	8.8	17	26		
		700 （硫、二氧化硫、硫酸和其他含硫化合物使用）	40	15	30	45		
			50	23	45	69		
			60	33	64	98		
			70	47	91	140		
			80	63	120	190		
			90	82	160	240		
			100	100	200	310		
2	氮氧化物	1700 （硝酸、氮肥和火炸药生产）	15	0.47	0.91	1.4	无组织排放源上风向设参照点，下风向设监控点	0.15 （监控点与参照点浓度差值）
			20	0.77	1.5	2.3		
			30	2.6	5.1	7.7		
		420 （硝酸使用和其他）	40	4.6	8.9	14		
			50	7.0	14	21		
			60	9.9	19	29		
		70 （其他）	70	14	27	41		
			80	19	37	56		
			90	24	47	72		
			100	31	61	92		
15	苯	17	15	禁排	0.60	0.90	周界外浓度最高点	0.50
			20	禁排	1.0	1.5		
			30	禁排	3.3	5.2		
			40	禁排	6.0	9.0		
16	甲苯	60	15	禁排	3.6	5.5	周界外浓度最高点	0.30
			20	禁排	6.1	9.3		
			30	禁排	21	31		
			40	禁排	36	54		
17	二甲苯	90	15	禁排	1.2	1.8	周界外浓度最高点	1.5
			20	禁排	2.0	3.1		
			30	禁排	6.9	10		
			40	禁排	12	18		

连续重整装置催化剂再生过程中再生气含有少量氯气及氯化氢气体，装置中设有碱洗或吸收设施，将再生气中的污染物去除后排放或回收重复利用。

重整装置在正常情况无工艺废气排放。反应过程中产生的轻烃应回收，不凝气可做染料。开停工和操作不正常时产生的废气（含安全阀起跳排放的气体）应通过密闭管道送火炬管网烧掉。没有火炬系统的装置应按规定要求进行高空排放。

4.5.2.3 废渣

催化重整主要"废渣"有废催化剂、废脱砷剂、废脱硫剂、废脱氯剂、废白土、废干燥剂、废溶剂等，它们的组成及处理方法见表 4-4。

表 4-4 催化重整废渣组成及处理方法

废渣名称	排放地点	组成及处理方法
废预加氢催化剂	预加氢反应器	含 Co、Mo、Ni，回收金属
废重整催化剂	重整反应器、再生系统	含 Pt、Re、Sn 金属粉末，可回收
废干燥剂	再生系统	氧化铝，填埋处理
废白土	白土塔	废白土，填埋处理
废氢气脱氯剂	重整部分	氧化铝，填埋处理
废液化气脱氯剂	重整部分	分子筛，填埋处理
废抽提溶剂	抽提部分	环丁砜聚合物，装桶焚烧
脱硫剂	预处理	氧化锌，填埋处理

4.5.3 催化重整装置的噪声危害及其防护

所谓噪声，就是人们所不需要的一切声音，在生产过程中产生的噪声叫生产性噪声。

生产性噪声的强弱，可以用声压、声强等物理量来评价。声压是声波的摆动对介质（空气）产生的压力，其单位是 N/m^3。为了使用上的方便，同时考虑了人耳分辨声音强弱变化的特性，用对数法将声压分为 100 多个声压级。所谓声压级，就是声压平方对 1000Hz 纯音的听阈声压（$2\times10^{-6} N/m^3$）平方比值的对数，其单位为贝尔，取其 1/10 定义为分贝(dB)。声强是在传播方向上单位时间内通过单位面积的声波能量，或者说是单位面积上的声功率。

生产性噪声的来源，一是固体振动产生的机械性噪声，如撞击、摩擦和周期作用产生的噪声。二是气流的起伏运动产生的空气动力性噪声，如气流喷嘴（或排气管）喷出形成的喷注噪声（加热炉火嘴，紧急放空，往复式压缩机等）、螺旋桨噪声（空冷风机）等。

噪声对人的健康造成危害，首当其冲是听力，轻则高频听阈损伤，中则耳聋，重则耳鼓膜破坏。在日常生活中，各种声音的强度低于 25dB 时对人听觉毫无损伤。但是，如果长期暴露在 85dB 以上的强噪声环境下工作，听力疲劳现象会越来越严重，直至人的内耳听觉器官发生器质性病变，发展成不可逆的、永久性听力损失——噪声性耳聋。如果人突然暴露于高达 140~150dB 噪声的环境下时，听觉器官会发生急性外伤，耳鼓膜破裂出血以至双耳完全失聪，这叫"声外伤"或暴露性耳聋。

噪声同时也会对人的全身健康产生不同程度的危害：

a. 对神经系统的影响。引起神经衰弱综合征，如头痛、头晕、乏力、记忆力减退、恶心等。

b. 对心血管系统的影响。可引起交感神经紧张，如心跳加快、心律不齐、血管痉挛、血压变化等。

c. 对消化系统的影响。可引起胃功能紊乱、食欲不振、肌无力、体质减弱等。

d. 其他方面的影响。如影响睡眠，降低劳动生产率，使人的视力减退和影响内分泌功能。

国家对工业企业噪声控制标准如表 4-5。

表 4-5 工业企业厂区内各类地点噪声标准

序号	地点类别		噪声限值/dB
1	生产车间及作业场所（工人每天连续接触噪声 8h）		90
2	高噪声车间设置的值班室、观察室、休息室（室内背景噪声级）	无电话通信要求时	75
		有电话通信要求时	70
3	精密装配线、精密加工车间的工作地点、计算机房（正常工作状态）		70
4	车间所属办公室、实验室、设计室（室内背景噪声级）		70
5	主控制室、集中控制室、通信室、电话总机室、消防值班室（室内背景噪声级）		60
6	厂所属办公室、会议室、设计室、中心实验室（包括试验、化验、计量室）（室内背景噪声级）		60
7	医务室、教室、哺乳室、托儿所、工人值班室（室内背景噪声级）		55

注：1. 本表所列噪声限值，均应按现行国家标准测量确定。

2. 对于工人每天接触噪声不足 8h 的场合，可根据"实际接触时间减半，噪声限值增加 3dB"的原则，确定其噪声限值。

3. 本列表的室内背景噪声级，指在室内无声源的条件下，从室外经由墙、门、窗（门窗启闭状况为常规状况）传入室内的室内平均噪声级。

催化重整装置的设备噪声可参考表 4-6。

表 4-6 催化重整装置的噪声源及控制方法

类别	管压组/dB		控制方法
	A	B	
加热炉	96	104	①采用低噪声燃烧器； ②采用隔声壁； ③采用预热强制进风消声罩
压缩机	90~100	96~100	①离心式、往复式压缩机在进口处设消声器； ②采用隔声罩； ③加隔震垫
风机	100~130	100~130	①选用低噪声风机； ②在风机进口设消声器； ③设隔声罩
空冷器	90~110	90~110	①采用低噪声风机和电机，如 DCF 叶片可调式风机,噪声级<77dBA； ②空冷器周边加隔声屏（三面设声屏，可降 12dB）； ③空冷器四周设片式消声百叶
机泵电机	90~95	90~95	电机加隔声罩等
调节阀	90~115	90~115	①选用低噪声阀门； ②调节阀后安装小孔消声器； ③采用管路消声器
放空（蒸汽放空、气体放空、排气等）			采用小孔或微孔消声器
火炬	69~84		①在喷嘴处安装消声器； ②采用多喷嘴的喷射器，降低蒸汽喷射噪声

4.5.4 催化重整装置的放射线危害及其防护

自然界有许多元素，如铀、钴 60、锶 137 等，其原子核很不稳定，有自行辐射的现象。由于原子核放出射线，自然衰变成另一种元素，并释放出能量，这种自发放出的射线称为放射线。

放射线有 α、β、γ 三种射线。α 射线是一种带正电荷的电子流，β 射线是一种带负电荷的电子流，而 γ 射线是一种电子波，穿透力最强，一般可穿透几厘米厚的铅板。放射线在工农业、医疗等方面都有重要的应用价值。

连续重整装置利用 γ 射线检测催化剂料面。它以核辐射检测技术为基础，通过测量 γ 射线与被测物质（催化剂）相互作用所产生的辐射强度变化，从而测定料面的变化。料位计由信号检测装置和信号转换器两部分组成。检测装置由射线源、容器和射线探测组成。放射源一般选用钴 60 或锶 137 等放射性物质。放射源放在铅制的容器中，工作时才打开开口，以减少对环境的污染。

放射线使用和防护不当，会对人体健康造成危害。放射线作用于机体的剂量超过了容许剂量就会对人体造成损伤。射线的危害可分为体外危害和体内危害两种。体外危害是指射线由体外穿入人体而造成的损伤，α 射线，β 射线、γ 粒子和中子都能造成这种危害。体内危害是指吞食、吸入、接触或通过受伤皮肤直接进入人体内而造成的。

放射线对人体的细胞组织会有损伤效应，主要是阻碍和伤害细胞活动机体，并导致细胞死亡。受射线的伤害，潜伏期可能长达 20 年之久，主要表现为各种癌症，包括白血病、骨癌及甲状腺癌，还可不同程度地缩短人的寿命。

放射线还能损伤遗传物质，主要是引起基因突变和染色体畸变。遗传学效应有的在第一代子女中出现，也可能在下几代中陆续出现。在第一代子女中放射性对遗传性的损伤，通常表现为流产、死胎、先天性缺陷和婴儿高死亡率，以致胎儿体重减轻或两性比例的改变等。

放射线对人体的损伤程度与照射剂量有关，剂量越大，损伤越严重。另外放射性同位素种类不同，人体分布器官、浓度等不同而造成的危害也不同。

① 急性放射病。人体在短时间内受到大剂量的照射后，使体内细胞受到极为严重的损伤，因而导致全身性疾病，甚至死亡。一般人在受到 100R（$1R=2.58\times10^{-4}C/kg$）以上的照射时，就可得急性放射病，剂量越大，病情就越严重。当超过 600R 照射时，死亡率相当高。急性放射病患者开始时出现头晕、乏力、食欲减退、恶心、呕吐等症状，一般要持续 1~3d，以后便一度出现病情减轻的"康复"假象，但实际上，人体内部造血功能的损伤却始终在继续发展，如白细胞、红细胞、血小板等都在减少，逐渐发生明显的出血现象，而且还会伴随有消化、神经系统机能障碍或脑溢血等。若不及时给予治疗，病情会进一步发展，甚至死亡。

② 慢性放射病。慢性放射病主要表现为神经衰弱症状，如疲乏、头晕、失眠多梦、食欲不振、体重减轻等。有时发生出血、血细胞减少、性功能下降等假象。

国家对从事放射性工作人员承受照射最大剂量和允许污染标准做出了严格规定，如表 4-7 和表 4-8。

表 4-7　内外照射的最大容许量　　　　　　　　　　　　　单位：rem

放射源分类	受照射器官名称	职业性放射性工作人员年度最大容许剂量当量	放射性工作场所相邻及附近地区工作人员和居民的年限制剂量当量
第一类	全身、性腺、骨髓、眼晶体	5	0.5
第二类	皮肤、骨、甲状腺、手、前臂、足、踝骨等其他器官	30	3
第三类		75	7.5
第四类		15	1.5

注：rem——雷姆，生物伦琴当量，1rem=10mSv。

表 4-8　最大容许污染标准

污染表面	α放射性物质污染 /[粒子数/(100cm^2·2π·min)]	β放射性物质污染 /[粒子数/(100cm^2·2π·min)]
手、皮肤、内衣、工作袜	100	1000
工作服、手套、工作鞋	500	5000
设备、地面、墙壁	3000	30000

要做好外照射防护，可采取三个主要措施：

① 缩短受照时间，即时间保护。人体接受射线的累积剂量和照射时间成正比，时间越长，接受的剂量越多，伤害就越重。因此，操作人员要事前做准备，操作时务必熟练、迅速，尽量减少接受时间。

② 远离放射源，即距离防护。放射性物质的辐射强度与距离的平方成反比，采取加大操作距离、实行遥控的办法可以达到防护的目的。

③ 屏蔽防护。屏蔽防护是一种行之有效的方法。由于α、γ射线能与一些密度大的物质发生作用，使其辐射强度明显减弱，所以在放射源周围增设一些放射线屏蔽是十分必要的。

连续重整装置测定催化剂料面所使用的γ射线料位计放射源是固体，一般采用较低的放射源强度（几十毫居里至一百多毫居里），且为密封结构，料位计的设计与制造符合国家放射防护规定，同时现场增加了屏蔽保护和安全标记，不会引起环境污染和工作人员沾污。仪表操作人员应严格按操作规程进行操作和维护，以减轻对自己的射线伤害。而生产运行操作人员应尽量远离和缩短接触时间为好。

放射性同位素安全操作如下：

① 严格遵守有关《放射性同位素和射线防护安全管理制度》。

② 从事γ射线料位计的操作人员应接受放射性防护安全教育及法规教育，经考核合格后，方可上岗。

③ 在装置生产过程中，应有专人负责γ射线料位计的操作、检查、维护、保养、保卫工作。

④ 在装置运行过程中，无关人员不得在料位计所在区域内做不必要的长时间停留。

⑤ 在装置停工检修时，操作人员应穿戴好铅防护服，取出同位素铅盒，将其放置在专用的仓库中妥善保管。

⑥ 同位素源一旦遗失，立即向有关部门汇报，以免发生不必要的伤害。

第5章 连续重整装置工艺流程

5.1 连续重整装置预加氢单元流程

5.1.1 预加氢单元工艺说明

预处理部分的目的是为重整部分提供合格的精制石脑油原料。

由装置外来的外购石脑油进入脱氧塔（C103），外购石脑油脱除溶解氧后与自产直馏和加氢裂化石脑油混合进入预加氢进料缓冲罐（D101）后，经预加氢进料泵（P101A/B）升压并与经预加氢循环氢压缩机（K101A/B）增压的循环氢混合，然后进预加氢进料换热器（E101A/B）与反应产物换热，之后经预加氢进料加热炉（F101）升温至反应温度后进入预加氢反应器（R101）。反应产物经预加氢脱氯反应器（R102）脱氯后，再与进料换热，此后经预加氢产物空冷器（A101A～F）冷却后进入预加氢高压分离器（D102）进行气液分离。从D102分离出的氢气返回预加氢循环压缩机（K101A/B）入口，D102底部的液相物流进入预加氢低压分离器（D103）进行再次分离。D103分离出的液相物流依次经石脑油分馏塔塔底换热器（E104）与分馏塔底物流换热，脱硫塔进料换热器（E103A/B）与脱硫塔底物流换热后进入脱硫塔（C101）第20层塔盘。C101塔顶馏出物经脱硫塔顶空冷器（A102A～D）冷凝冷却后进入脱硫塔回流罐（D105）。D105顶部不凝气经压控排入催化装置，底部的液相物流经脱硫塔回流泵（P102A/B）增压后回流至C101顶部，另一部分送去催化装置。C101底部物流与进料换热后进入石脑油分馏塔（C102）第20层塔盘。

C102顶馏出物经石脑油分馏塔空冷器（A103A～D）冷凝冷却后，进入石脑油分馏塔回流罐（D106）。D106顶部不凝气经压控排入装置燃料气管网，底部的液相物流经石脑油分馏塔回流泵（P103A/B）升压后，一部分作为回流送回C102顶，一部分轻石脑油进入异构化部分。一部分经石脑油分馏塔底循环泵（P104A/B）石脑油分馏塔重沸炉（F102）加热返回C102。C102底物流（精制石脑油）经分馏塔底泵（P109A/B）增压后经E104换热后进入重整部分。

5.1.2 预加氢单元工艺卡片

序号	控制点名称	仪表控制位号	单位	控制参数	备注	安全极限	安全分析	应对措施
1	原料油缓冲罐D101压力	PIC10402	MPa	0.1～0.4	设备	A类指标 0.05	加氢进料泵抽空、汽蚀	补燃料气，进行充压
2	原料油缓冲罐D101液位	LICA10401	%	50～80	工艺	A类指标 30	加氢进料泵抽空	提高进料补充液位，联系罐区加大工料量
3	加热炉F101炉膛温度	TICA10501	℃	不大于800	安全	A类指标 850	炉管破裂	及时调整燃料气量
4	反应器R101入口温度	TISA10502	℃	260～300	安全	A类指标 350	反应器床层超温	及时调整燃料气量，应急熄灭火嘴
5	高压分离器D102压力	PRC10701	MPa	3.5±0.5	工艺	B类指标 4.4	保证油、水、气三相分离	调节阀手动控制，补充新氢或者排放废氢
6	高压分离器D102液位	LIC10703	%	50±10	工艺	A类指标 20	高压窜低压	调节阀手动控制，现场核实玻璃板示数
7	高压分离器D102界位	LIA10704	%	50±10	工艺	A类指标 20	高压窜低压	调节阀手动控制，现场核实玻璃板示数
8	低压分离器D103液位	LICA10706	%	50±10	工艺	A类指标 20	高压窜低压	现场核实玻璃板示数
9	低压分离器D103压力	PIC10702	MPa	1.4±0.2	工艺	B类指标 2.86	高压窜低压，安全阀起跳	调节阀手动控制，现场核实压力表示数
10	循氢压缩机入口罐D104液位	LI10707	%	不大于25	设备	B类指标 50	循环氢带液、损坏压缩机	及时联系外操向脱硫塔切液
11	高压空冷A101冷后温度	TIC10604	℃	30～48	工艺	B类指标 60	循环氢带液、损坏压缩机	及时调整空冷变频
12	脱硫塔顶回流罐D105液位	LICA109091	%	50±20	工艺	B类指标 10	回流泵抽空	降低回流量
13	脱硫塔C101液位	LICA10801	%	50±20	工艺	A类指标 10	机泵抽空，冲塔	及时调整外送量
14	脱硫塔C101顶压	PI10801	MPa	0.7±0.2	工艺	B类指标 0.5	冲塔	控好冷后温度，加大回流量
15	脱硫塔顶冷后温度	TIC0901	℃	20～40	工艺	B类指标 50	酸性气带液	增大回流量及空冷变频
16	脱硫塔C101塔底温度	TI10805	℃	150～190	工艺	B类指标 200	重沸器管束结焦	降低再沸器2.2MPa蒸汽量
17	分馏塔C102塔顶压力	PI11001	MPa	0.15±0.1	工艺	B类指标 0.1	淹塔、冲塔现象	控好冷后温度，根据趋势变化及时调整
18	分馏塔C102液位	LRCA11001	%	50±20	工艺	B类指标 95	淹塔	增大外送量，降低塔底液位
19	分馏塔重沸炉炉出口温度	TIC11104	℃	130±20	安全	B类指标 170	炉管烧坏	调节循环量，降低燃料气量
20	分馏塔塔顶回流罐D106液位	LICA11102	%	50±20	工艺	B类指标 15	回流泵抽空	根据趋势变化，及时调整
21	分馏塔顶冷后温度	TIC11101	℃	20～40	工艺	B类指标 50	放火炬加大，火炬气带油	增大回流量及空冷变频

续表

序号	控制点名称	仪表控制位号	单位	控制参数	备注	安全极限	安全分析	应对措施
22	F101炉膛负压	PIC11601	Pa	−50～−100	安全 A类指标	51	回火	开大烟囱挡板,减少燃料气
23	F101炉膛氧含量	AIC11601	%	3～7	安全 A类指标	52	易发生闪爆	开大风门,减少燃料气
24	F102炉膛负压	PIC11605	Pa	−50～−100	安全 A类指标	53	回火	开大烟囱挡板,减少燃料气
25	F102炉膛氧含量	AIC11602	%	3～7	安全 A类指标	54	易发生熄火	开大风门,减少燃料气

5.1.3 预加氢单元工艺流程（见附图1）

5.2 连续重整装置重整反应-分馏单元流程

5.2.1 重整反应单元工艺说明

重整反应部分的目的是通过重整催化剂把精制石脑油中辛烷值较低的环烷烃和烷烃转化为富含芳烃的高辛烷值汽油组分，并同时副产氢气和液化气。

精制石脑油与经重整循环氢压缩机（K201）升压后的重整循环氢混合，经重整混合进料换热器（E201）与重整反应产物换热再经第一重整加热炉（F201）加热后，进入第一重整反应器（R201）上部，在反应器内与自上而下流动的催化剂径向接触进行反应，然后经中心管由第一重整反应器下部进入第二重整加热炉（F202），再依次进入第二重整反应器（R202）、第三重整加热炉（F203）、第三重整反应器（R203）、第四重整加热炉（F204），直至由第四重整反应器（R204）下部出来，经重整进料/产物换热器（E201）与进料换热后并经重整产物空冷器（A201A～J）冷却后进行气液分离。含氢气体经重整产物分离罐（D201）后，进入重整循环氢压缩机（K201）增压并分成两部分，一部分氢气作为重整循环氢与反应进料混合；一部分作为重整产氢经增压机入口产氢空冷器（A203）至增压机入口分液罐（D204）。增压机一段出口一路经过产氢空冷器（A203）冷却返回一段增压机入口分液罐（D204），另一路进入增压机中间空冷器（A205）冷却进入K202二段压缩入口缓冲罐（D202），增压机二段出口一路返回一段入口分液罐（D204），一路经过增压机中间空冷器（A205）冷却返回增压机二段入口（D202）。最后一路是重整生成油经重整产物分离罐底泵（P201A/B）升压与从K202A/B来的氢气混合后经过再接触进料空冷器（A204）、再接触进料冷却器（E202）后进入再接触油换热器（E203），进入再接触制冷器（E204），经过制冷压缩机压缩后的丙烷降压闪蒸吸热来降温氢气。最后进入再接触罐（D203）。D203罐顶氢气进入再接触氢气换热器管程，而后进入氢气脱氯罐（D206A/B）经脱除氯化氢和杂质后出装置。罐底物流经稳定塔进料/塔底换热器（E208）换热进入重整汽油脱氯罐（D207A/B）脱氯后进入烯烃饱和进料加热器（E209）加热后与经过烯烃饱和氢气加热器（E210）加热后的氢气混合进入烯烃饱和反应器（R205）后再经稳定塔进料/塔底换热器（E205）换热进入稳定塔（C201）的第21层塔盘。C201塔顶物流经稳定塔顶空冷器（A202A/B）冷凝后，进入稳定塔顶回流罐（D205），D205罐顶的不凝气送至D204，罐底的液相物流经稳定塔回流泵增压后分成两部分，一部分作为回流进入稳定塔顶，一部分液化石油气送出装置。C201塔底的液相物流经稳定塔进料/塔底换热器E205、稳定塔进料/塔底换热器E208换热后，进入后分馏部分。

5.2.2 后分馏单元工艺说明

后分馏的目的是将重整油分离出异构化原料、芳烃抽提原料和二甲苯。来自重整装置的稳定汽油，首先进入稳定塔进料/塔底换热器E205、E208与重整汽油换热，然后进入稳定汽油/重芳烃换热器（E405）与二甲苯塔塔底馏出物换热，最后进入脱戊烷塔（C401）的中部第21块板。C401顶馏出物经脱戊烷塔顶空冷器（A401A/B）冷凝冷却后，进入脱戊烷塔顶回流罐（D401）。D401底部液相物流经脱戊烷塔回流泵（P402A/B）增压后，一部分作为脱戊烷塔回流，进入脱戊烷塔顶；另一部分进入汽油线出装置。C401底部液相物流经脱戊烷塔底泵（P401A/B）增压后，进入脱庚烷塔（C402）的中部第29块板。C402塔顶馏出物经脱庚烷塔空冷器（A402A～D）冷凝冷却后，进入脱庚烷塔顶回流罐（D402）。D402底部液相物流经脱庚烷塔回流泵（P404A/B）增压后，一部分作为脱庚烷塔回流，进入脱庚烷塔顶；另一部分作为抽提进料，进入抽提进料缓冲罐（D501）。C402底部液相物流经脱庚烷塔底泵（P403A/B）增压后，经二甲苯塔进料/塔底换热器（E404）进入二甲苯塔（C403）中部第53块板。C403塔顶馏出物分两部分，一部分作为热介质进入脱庚烷塔重沸器（E402A），换热之后进入二甲苯塔回流罐（D403）；另一部分经二甲苯塔顶空冷器（A403A/B）冷凝冷却后，进入二甲苯塔回流罐（D403）。D403底部液相物流经二甲苯塔回流泵（P406A/B）增压后，一部分作为二甲苯塔回流，进入二甲苯塔顶；另一部分进入二甲苯产品空冷器（A405）冷却后，出装置。C403底部液相物流经二甲苯塔进料/塔底换热器（E404）、稳定汽油/重芳烃换热器（E405）、二甲苯塔底空冷器（A404）冷却后，作为汽油调和组分出装置。

5.2.3 反应-分馏单元工艺卡片

序号	控制点名称	仪表控制位号	单位	控制参数	备注	安全极限	安全分析	应对措施
1	反应器入口温度	TIC20101	℃	不大于540	安全	A类指标 580	炉管破裂、损坏催化剂	降低燃料气量,保证床层不超温
2	D201压力	PRCA20601	MPa	0.25±0.05	工艺	A类指标 0.43	超压,安全阀起跳	调整罐顶放空
3	D201液位	LRCA20601	%	40±10	工艺	B类指标 10	机泵抽空或压缩机带液	调整P201出口调节阀
4	A201冷后温度	TE20601	℃	30～50	工艺	B类指标 60	循环氢带油	增大空冷变频
5	D203压力	PT20801	MPa	2.2±0.2	工艺	B类指标 2.87	超压,安全阀起跳	增大K202飞动阀开度,增大氢气外送
6	D203液位	LRCA20801	%	40±10	工艺	B类指标 10	高压串低压	调整罐底调节阀

续表

序号	控制点名称	仪表控制位号	单位	控制参数	备注		安全极限	安全分析	应对措施
7	A203冷后温度	TE20708	℃	20～40	工艺	B类指标	60	循环氢带油	增大空冷变频
8	A205冷后温度	TE20703	℃	20～40	工艺	B类指标	60	循环氢带油	增大空冷变频
9	D205压力	PIC21002	MPa	1±0.2	工艺	B类指标	1.38	超压,安全阀起跳	调整罐顶放空阀
10	C201液位	LICA20901	%	50±20	工艺	B类指标	95	淹塔	增大外送量,降低塔底液位
11	D205液位	LICA21002	%	50±20	工艺	B类指标	10	回流泵抽空	降低回流量
12	C201塔顶温度	TRC21002	℃	40～70	工艺	B类指标	95	液化气不合格	根据趋势变化,及时调整空冷变频以及回流量
13	A202冷后温度	TIC21001	℃	20～40	工艺	B类指标	50	液化气组分	增大空冷变频及回流量
14	C201塔底温度	TIC20908	℃	180～220	工艺	B类指标	250	冲塔或淹塔	调整塔底蒸汽量
15	C401塔顶温度	TIC40503	℃	50～80	工艺	B类指标	100	冲塔或淹塔	根据趋势变化,及时调整空冷变频以及回流量
16	A401冷后温度	TIDC40602	℃	30～50	工艺	B类指标	60	火炬线带油	增大空冷变频及回流量
17	C401塔底温度	FRC40507	℃	130～170	工艺	B类指标	200	冲塔或淹塔	根据趋势变化,及时调整蒸汽量
18	C401液位	LICA40501	%	50±20	工艺	B类指标	10	机泵抽空	及时调整外送量
19	D401液位	LICA40601	%	50±20	工艺	B类指标	10	回流泵抽空	降低回流量
20	C401压力	PRC40502	MPa	0.1～0.25	工艺	B类指标	0.68	冲塔或淹塔	补氮气
21	C402塔顶压力	PRC40701	MPa	不大于0.05	工艺	B类指标	0.38	超压,安全阀起跳	补氮气
22	C402塔顶温度	TRC40703	℃	65～90	工艺	B类指标	120	冲塔或淹塔	根据趋势变化,及时调整空冷变频以及回流量
23	C402塔底温度	FRC40706	℃	120～160	工艺	B类指标	200	冲塔或淹塔	根据趋势变化,及时调整蒸汽量
24	C402液位	LICA40701	%	50±20	工艺	B类指标	10	机泵抽空	及时调整外送量
25	D402液位	LICA40801	%	50±20	工艺	B类指标	10	回流泵抽空	降低回流量
26	A402冷后温度	TIC40802	℃	30～50	工艺	B类指标	60	火炬线带油	增大空冷变频及回流量
27	烧焦区入口温度	TICA30215	℃	470±10	工艺	B类指标	500	损坏设备	根据趋势变化,及时调整加热器开度
28	燃烧区出口温度	TIC30201	℃	不大于550	安全	A类指标	590	损坏设备	调整再生气循环量
29	燃烧床层温度	TICA30402	℃	不大于550	安全	A类指标	590	损坏设备	调整一段冷氮阀控制

续表

序号	控制点名称	仪表控制位号	单位	控制参数	备注	安全极限	安全分析	应对措施
30	焙烧区入口温度	TICA30409	℃	530±10	工艺	B类指标 560	损坏设备和催化剂	根据趋势变化，及时调整加热器开度
31	R301压力	PDY30404A/B	MPa	0.3～0.5	工艺	B类指标 0.65	催化剂难提升	压力补偿阀程序控制
32	还原段入口温度	TICA30710	℃	510±10	设备	B类指标 580	损坏设备	根据趋势变化，及时调整加热器开度
33	调和油出装置温度	TIC41103	℃	不大于40	安全	A类指标 50	超闪点，易爆炸	提高空冷变频
34	四合一炉炉膛负压	PIA21309	Pa	−50～−120	安全	A类指标 −30	回火	开大烟囱挡板，减少燃料气
35	四合一炉炉膛氧含量	AI21301	%	5～10	安全	A类指标 2	发生熄火	开大风门，减少燃料气

5.2.4 反应-分馏单元工艺流程（见附图2）

5.3 连续重整装置重整抽提单元流程

5.3.1 抽提单元工艺说明

来自后分馏部分的C_6~C_7馏分，送入抽提进料缓冲罐（D501），作为抽提塔（C501）的进料，经抽提塔进料泵（P501A/B）升压后送入抽提塔中部第56/65/76块塔板（自上而下数，下同），来自贫富溶剂换热器（E502A/B/C）的贫溶剂（88℃）送到抽提塔顶部，回流芳烃（50℃）从汽提塔顶罐（D502）由汽提塔顶泵（P505A/B）送到抽提塔的下部。抽提塔（C501）共有86块筛板。当回流芳烃中积累较多烯烃时，需将部分回流芳烃改从原料油上进料口（第56块塔板）入塔。当抽提进料中芳烃含量过高时，亦需将部分贫溶剂（第三溶剂）改由原料油进料口入塔。抽提塔塔顶压力采用补氮和放空的分程控制。塔的下界面与塔底富溶剂采出量串级控制，塔的上界面与抽余油采出量串级控制。

抽余油水洗塔（C502）共有9块筛板。抽提塔顶抽余油（88℃，0.48MPa）与抽余油水洗塔（C502）塔底循环水混合后送入抽余油水冷器（E501）进行冷却和初步洗涤，然后进入抽余油水洗塔底。从回收塔回流罐（D503）来的水经回收塔回流罐水泵（P508A/B）升压后送入抽余油水洗塔顶，在水洗塔内，水与抽余油逆流接触，塔底水一部分循环到抽余油水冷器进行初步洗涤，其余部分含溶剂的水送往水汽提塔（C505）。抽余油除去溶剂以后，作为副产品送出装置。在抽余油水洗塔中，油为分散相，水为连续相。为了保证水洗效果，该塔设有油的上循环和水的下循环，应维持合理的循环量。从抽提塔底来的第一富溶剂（66℃，0.76MPa）在贫富溶剂换热器（E502A/B/C）中与贫溶剂换热，并再加入第二溶剂后送至汽提塔（C503）顶第1块塔板，加入第二溶剂有利于在汽提塔内除净非芳烃。汽提塔（C503）共有40块浮阀塔板。在汽提塔内，非芳烃与一定量的芳烃从汽提塔顶蒸出，塔顶物（114℃，0.06MPa）与水汽提塔顶物料一起在汽提塔空冷器（A501A/B）内冷凝冷却后流入汽提塔顶罐（D502）进行油水分离，分出的水经汽提塔顶罐水泵（P506A/B）送到水汽提塔（C505），油则经汽提塔顶泵（P505A/B）送往抽提塔下部作为返洗液。汽提塔底采用2.2MPa蒸汽作热源，塔顶蒸出物经流量控制，塔底压力与蒸汽凝水量串级控制，塔釜液面与采出量串级控制。从汽提塔出来的第二富溶剂（169℃，0.66MPa）在塔底液位与流量串级控制下由汽提塔底泵（P504A/B）送入回收塔（C504）中部第17块塔板。回收塔（C504）共有32块浮阀塔板。来自溶剂再生塔（C506）的含溶剂的水蒸气（176℃，−0.020MPa）以及水汽提塔（C505）富含溶剂的水，作为回收塔底的汽提介质，以降低芳烃的饱和蒸气压。该塔采用插入式再沸器，以2.2MPa蒸汽作热源。通过水蒸气汽提蒸馏，芳烃与水蒸气（54℃，−0.058MPa）从塔顶出来，贫溶剂则从塔底采出。回收塔顶物流经过回收塔空冷器（A502A～H）冷凝冷却后进入回收塔回流罐（D503）进行油水分离。回收塔回流罐（D503）分离出来的混合芳烃一部分作回流，其余作为精馏部分的进料。回收塔回流罐（D503）分出的水由流量控制经回收塔回流罐水泵（P508A/B）升压后作为水洗水送往抽余油水洗塔（C502），以回收抽余油中的少量溶剂。回收塔底贫溶剂一少部分送入溶剂再生塔（C506）进行再生，除去其中的高分子聚合物及其他机械杂质，其余先去水汽提塔再沸器（E507）作热源，再经M502过滤，与富溶剂进一步换热后循环回抽提塔顶。回收塔塔底的温度与蒸汽凝液量串级控制，为保证抽提塔操作稳定，贫溶剂抽出量流量控制给定，塔底液位加以显示。为了避免溶剂分解，回收塔在减压下操作，塔顶负压由回收塔抽空器控制。

水汽提塔（C505）共有5块浮阀塔板。在水汽提塔（C505）中，对来自抽余油水洗塔和汽提塔顶回流罐的水进行汽提，塔顶含少量烃的蒸汽在流量控制下送往汽提塔空冷器（A501A/B）。从塔底出来的含有溶剂的水通过液位和流量串级控制送入回收塔底，塔釜蒸汽在压力控制下被导入溶剂再生塔（C506）作为溶剂再生的汽提蒸汽。水汽提塔再沸器（E507）用回收塔底物料加热，以最大限度地利用贫溶剂的热量。贫溶剂从水汽提塔再沸器出来，经过换热后作为主溶剂进入抽提塔，必要时可分出小部分贫溶剂作为第二溶剂进入汽提塔或分出小部分贫溶剂作为第三溶剂进入抽提塔。

溶剂再生塔（C506）实际上是一个减压蒸发器。在溶剂再生塔（C506）内除去溶剂中的机械杂质和聚合物，溶剂汽提后从塔顶出来进入回收塔底，塔底残渣不定期地从塔底排出。溶剂再生塔也采用2.2MPa的蒸汽为热源，加热量给定，塔底液位与进料量串级控制。汽提塔顶罐用氮封，防止空气进入引起溶剂氧化。汽提塔、回收塔及溶剂再生塔再沸器的加热热源采用2.2MPa蒸汽以避免溶剂超温。在抽提塔底富溶剂中加入消泡剂（每1kg循环溶剂用量大约为1～3mg）。必要时将抗腐蚀剂单乙醇胺注入系统中，以控制溶剂的pH值。抽提系统得到的芳烃产品中可能含有痕量的烯烃和其他杂质，会显著地影响芳烃产品的酸洗比色和中性试验等指标。为了除去这些痕量杂质，芳烃产品需经白土处理。来自回收塔回流罐（D503）的混合芳烃经回收塔回流泵（P509A/B）升压，进入芳烃原料罐（D513），D513罐底物流经白土罐进料泵（P516A/B）升压后，先经白土罐进料/出料换热器（E511）与自白土罐出来的物料换热，再进一步通过白土罐进料加热器（E512）加热，加热量由出口温度与蒸汽凝水量串级控制。换热后进入白土罐（D511A/B），脱除芳烃中微量烯烃和其他杂质，以确保即使在加氢催化剂后期原料溴价较高时，芳烃产品的酸洗比色仍然合格。白土罐由压力与流量组成低选择控制系统控制适当的压力（1.3～1.55MPa）以保持液相操作。

从白土罐底出来的混合芳烃经换热后，送到苯塔（C601）中部第32、36块塔板。苯塔（C601）共有65块浮阀塔板。经过精馏分离，苯产品（93.6℃，0.062MPa）在第5块与第20块灵敏板温差与流量串级控制下从第5块塔板抽出，经苯产品冷却器（E601）冷却后由苯产品抽出泵（P602A/B）送到苯产品中间罐（D604A/B）检查质量，合格后由苯产品输送泵（P604A/B）送至苯成品罐区。苯塔顶蒸出物经苯塔空冷器（A601A/B）冷凝冷却（40℃，0.05MPa），进入苯塔回流罐（D601），用苯塔回流泵（P601A/B）抽出作为回流。苯塔基本上是在全回流下操作，当回流中累积非芳烃时，将少量拔顶苯控量送到芳烃抽提部分循环。苯塔回流罐（D601）水包分出少量的水，由水包油水界面控制靠静压自流排出。苯塔重沸器（E602）以1.0MPa蒸汽作为热源。苯塔底部物料由苯塔塔底泵（P603A/B）升压，送至甲苯塔（C602）中部第29、33和37块塔板。甲苯塔（C602）共有60块浮阀塔板。甲苯塔塔顶蒸出物（123℃、0.04MPa）经甲苯塔空冷器（A602A/B）冷凝冷却（40℃、0.04MPa），进入甲苯塔回流罐（D602），用甲苯塔回流泵（P605A/B）抽出，分成两部分：一部分作为回流液，另一部分作为甲苯产品进入甲苯产品中间罐（D605A/B）检查质量，合格后由甲苯产品输送泵（P609A/B）送至甲苯成品罐区。甲苯塔塔底的重芳烃（163℃、0.04MPa）经重芳烃泵（P610）加压后经甲苯塔底物冷却器（E604）冷却后出装置。

5.3.2 抽提单元工艺卡片

序号	控制点名称	仪表位号	单位	控制参数	备注	安全极限	安全分析	应对措施
1	抽提原料缓冲罐D501压力	PIC50901	MPa	0.1～0.25	设备	B类指标 0.53	罐超压	补氮气，进行充压/排含烃氮气泄压
2	抽提原料缓冲罐D501液位	LICA50901	%	50～80	工艺	B类指标 30	抽提进料泵抽空	提高进料补充液位，联系罐区和脱庚烷塔给抽提加大供料量
3	抽提塔C501第一溶剂进料温度	TI51001	℃	75～90	工艺	A类指标 120	抽余油带芳烃	关小E502副线或关小E509进C501副线
4	抽提塔C501压力	PIC51001	MPa	0.45～0.65	工艺	B类指标 0.83	保持抽提塔界位稳定	调节阀手动控制，补充氮气或者排放含烃氮气
5	抽提塔C501底界位	LICA51002	%	70±20	工艺	A类指标 30	第一溶剂分层携带抽余油	调节阀手动控制，现场核实玻璃板示数，控制进料组成稳定，控制溶剂循环量
6	抽提塔C501顶液位	LICA51001	%	40～60	工艺	A类指标 20	高压窜低压	调节阀手动控制，现场核实玻璃板示数，控制进料组成及抽余油抽出量
7	抽余油水洗塔C502界位	LICA51101	%	60±10	工艺	A类指标 30	洗后水带油	现场核实玻璃板示数，控制洗前后水量
8	抽余油水洗塔C502压力	PICA51101	MPa	0.30～0.50	工艺	A类指标 0.63	设备超压	加大抽余油外送量，关闭抽提塔进料加大第一富溶剂流量，关闭抽余油水洗塔进料

续表

序号	控制点名称	仪表位号	单位	控制参数	备注	安全极限	安全分析	应对措施
9	汽提塔C503压力	PIC10702	MPa	0.08±0.02	工艺	B类指标 0.38	安全阀起跳	调节阀手动控制C503塔顶抽出量,D502泄压D505
10	汽提塔顶罐D502水包界位	LICA51402	%	45~75	工艺	A类指标 0/100	反洗液带水	现场核对液位
11	汽提塔C503塔重沸器返塔温度	TI51307	℃	165~180	工艺	B类指标 220	溶剂分解,循环溶剂变黑	调整E503蒸汽流量
12	汽提塔C503塔空冷后温度	TI51402	℃	40±10	工艺	B类指标 80	回流罐压力高	加大空冷变频,降低C503、C505气象温度
13	汽提塔C503底液位	LIA51301	%	50±20	工艺	A类指标 10	塔底泵抽空	及时调整外送量
14	回收塔C504底液位	LIA51501	%	50±20	工艺	A类指标 10	塔底泵抽空	及时调整外送量
15	回收塔C504顶压力	PICA51501	kPa	不小于-40	工艺	B类指标 -20	烃类分离不清	控好冷后温度,控制抽空气蒸汽压力
16	回收塔C504塔顶冷后温度	TSHH51602	℃	40±10	工艺	B类指标 50	塔顶压力上升	增大回流量及空冷变频
17	回收塔C504塔底温度	TI51504	℃	170±10	工艺	B类指标 220	溶剂分解,循环溶剂变黑	调整E504蒸汽流量
18	回收塔回流罐D503水包界位	LIA51602	%	75~95	工艺	A类指标 30/100	水洗水带油,回流带水	抽余油芳烃含量超标,冲塔
19	水汽提塔C505液位	LICA51701	%	50±20	工艺	B类指标 10/95	泵抽空/汽提蒸汽带水	控制E507温度,及C505进出水量
20	水汽提塔C505压力	PICA51701	MPa	0.1±0.05	安全	B类指标 0.38	设备超压	控制C505温度及塔顶采出量
21	溶剂再生塔C506温度	TIA51801	℃	170~180	工艺	B类指标 220	溶剂分解	调整E508蒸汽流量
22	芳烃进料罐D513压力	PIC52101	MPa	0.1~0.25	工艺	B类指标 0.48	罐超压	补氮气,进行充压/排含烃氮气泄压
23	芳烃进料罐D513液位	LICA52101	%	50~80	工艺	B类指标 30	精馏进料泵抽空	提高进料补充液位,产品改回炼
24	苯塔C601塔顶温度	TI60407	℃	80~95	工艺	A类指标 105	精苯携带重芳烃	加大回流,降低空冷后温度,减少中段抽出,降低塔底温度,降低进料温度
25	苯塔C601塔顶压力	PR60402	MPa	0.04~0.1	工艺	B类指标 0.38	设备超压	加大不凝气排放量
26	苯塔C601塔顶空冷后温度	TIC60408	℃	40±10	工艺	B类指标 50	塔顶压力上升	增大回流量及空冷变频
27	抽余油外送温度	TI51102	℃	不大于40	安全	A类指标 50	高温抽余油入罐挥发易燃	增大E501水冷投用,增大水洗塔冷反洗量
28	精苯外送温度	TIA60601	℃	不大于40	安全	A类指标 50	高温苯入罐挥发易燃	增大水冷投用,在中间罐多静置一段时间

5.3.3 抽提单元工艺流程（见附图3）

5.4 连续重整装置重整异构化单元流程

5.4.1 异构化单元工艺说明

轻石脑油和戊烷油分别从预加氢部分、后分馏部分来到异构化部分，进入石脑油缓冲罐（D901），经石脑油泵（P901A/B）送至脱异戊烷塔原料预热器（E901）升温后进入脱异戊烷塔（C901），塔顶组分经脱异戊烷塔空冷器（A901）冷却至40℃后进入脱异戊烷塔回流罐（D902）。一部分经脱异戊烷塔回流泵（P903A/B）打回至塔中作为塔顶回流，另一部分作为异构烷烃产品与异构化汽油汇合后送出装置，还有一部分送至稳定塔。脱异戊烷塔底产品经脱异戊烷塔底泵（P902A/B）送至换热器预热原料后，被送入干燥塔（C904）进行脱水。

抽余油自05区芳烃抽提部分来，进入抽余油缓冲罐（D905），经抽余油泵（P907A/B）送至抽余油切割塔进料换热器（E907）与反应产物换热升温后，送入抽余油切割塔（C902），塔底碳七组分作为产品经碳七泵（P904A/B）送至异构化汽油冷却器（E908）冷却后送出装置。塔顶馏出轻组分经抽余油塔空冷（A902）冷却至40℃后至抽余油塔回流罐（D903），一部分经抽余油塔回流泵（P905A/B）进行回流，另一部分作为塔顶馏出物送至脱异戊烷塔进料换热器前与脱异戊烷塔进料一起送至脱异戊烷塔。塔底产物经过脱异戊烷塔底泵（P902）送至干燥塔（C904）脱水后，至反应进料缓冲罐（D904），经异构化反应进料泵（P906A/B）升压后与来自压缩机（K901A/B）的循环氢混合后，送至异构化进料换热器（E906A/B）与反应产物换热后，送至反应加热炉（F901）加热升温后，进入异构化反应器（R901、R902）中进行异构化反应。从异构化反应器出来的异构化产物先与反应进料进行换热，再经异构化产物空冷器（A903）冷却后进入异构化产物分离器（D906）中进行气液分离，气相返回到异构化循环氢压缩机入口分液罐（D908），送至异构化循环氢压缩机（K901A/B）升压后循环使用。

自异构化产物分离器分离出来的液相组分进入稳定塔进料换热器（E905A/B）升温后进入稳定塔（C903），在塔顶分出少量燃料气和液化气等轻烃成分，塔底馏出液相与进料换热后，作为异构化汽油产品，经异构化汽油冷却器（E908）冷却后与重整汽油一起送出装置。

5.4.2 异构化单元工艺卡片

序号	控制点名称	仪表位号	单位	控制参数	备注	安全极限	安全分析	应对措施
1	脱异戊烷塔C901塔底温度	TIC90102	℃	90～120	工艺	A类指标	140	重沸器管束结焦	降低再沸器1.0MPa蒸汽量

续表

序号	控制点名称	仪表位号	单位	控制参数	备注	安全极限	安全分析	应对措施
2	脱异戊烷塔C901塔顶温度	TI90105	℃	45～60	工艺	A类指标	80	冲塔	控好冷后温度,加大回流量
3	脱异戊烷塔C901冷后温度	TIC90106	℃	20～40	工艺	A类指标	60	回流罐压力上涨	降低塔底温度,加大变频
4	脱异戊烷塔C901塔顶压力	PI90102	MPa	0.25～0.4	工艺	A类指标	0.1	淹塔、冲塔现象	控好冷后温度,根据趋势变化及时调整
5	抽余油切割塔C902塔顶温度	TI90204	℃	80～100	工艺	A类指标	120	冲塔现象	控好冷后温度以及回流量,根据趋势变化及时调整
6	抽余油切割塔C902冷后温度	TIC90205	℃	20～40	工艺	A类指标	60	回流罐压力上涨	降塔底温,加大变频
7	抽余油切割塔C902塔底温度	TI90203	℃	90～120	工艺	A类指标	180	重沸器管束结焦	降低再沸器1.0MPa蒸汽量
8	抽余油切割塔C902塔顶压力	PI90201	MPa	0.05～0.2	工艺	A类指标	0.1	淹塔、冲塔现象	控好冷后温度,根据趋势变化及时调整
9	稳定塔C903塔顶温度	TI90803	℃	55～75	工艺	A类指标	95	液化气不合格	根据趋势变化,及时调整空冷变频以及回流量
10	反应空冷A903冷后温度	TIC90505	℃	20～40	工艺	A类指标	60	循环氢压缩机带液	增大变频,加强换热
11	稳定塔空冷A904冷后温度	TIC90807	℃	20～40	工艺	A类指标	60	回流温度下降,冲塔	降塔底温,加大变频
12	稳定塔C903塔底温度	TI90802	℃	105～165	工艺	A类指标	180	冲塔或淹塔	调整塔底蒸汽量
13	稳定塔C903塔顶压力	PI90801	MPa	1.0～1.2	工艺	B类指标	1.38	安全阀起跳	控好冷后温度,根据趋势变化及时调整
14	脱异戊烷塔回流罐D902液位	LICA90103	%	50±20	工艺	A类指标	20	回流泵抽空	降低回流量
15	抽余油切割塔回流罐D903液位	LICA90202	%	50±20	工艺	A类指标	20	回流泵抽空	降低回流量
16	反应进料缓冲罐D904液位	LICA90301	%	50～80	工艺	B类指标	20	进料泵抽空、汽蚀	提高缓冲罐进料补充液位
17	产物分离器D906液位	LISA90601	%	50±10	工艺	A类指标	20	高压窜低压	调节阀手动控制,现场核实玻璃板示数
18	第一反应器R901温度	TISA90402	℃	120～170	安全	B类指标	200	损坏催化剂	降低燃料气量,保证床层不超温
19	第二反应器R902温度	TI90407	℃	110～160	安全	B类指标	200	损坏催化剂	降低燃料气量,保证床层不超温
20	F901炉膛负压	PIA91001	Pa	－50～－10	安全	A类指标	0	回火	开大烟囱挡板,减少燃料气
21	F901氧含量	AI91001	%	2.0～5.0	安全	A类指标	0.5	易发生熄火	开大风门,减少燃料气

5.4.3 异构化单元工艺流程（见附图4）

5.5 连续重整装置PSA单元流程

5.5.1 预吸附塔工艺说明

① 吸附（A）。来自界区的原料气进入V1001自压进入预吸附塔T1001A，其中C_5^+的杂质组分被吸附塔中装填的专用吸附剂吸附，其余组分从塔顶流出送到PSA提氢装置。

② 降压（D）。吸附停止后，控制降压速度。

③ 热吹（H）。降压后，控制再生气温度在100~120℃，然后对预吸附塔进行热吹。

④ 冷吹（C）。热吹完成后，用冷的再生气对预吸附塔进行吹扫，直到预吸附塔的温度为40℃。

⑤ 升压（R）。冷吹完成后，对T1001A进行升压，直至T1001A预吸附塔压力到2.3MPa吸附来自预吸附塔的原料气进入PSA吸附塔T1002A，其中除H_2以外的杂质组分被吸附塔装填的多种吸附剂依次吸附，大部分氢气稳压后送出界区，少部分氢气用于B和C塔的产品气升压。停止吸附。

5.5.2 PSA工艺说明

① 吸附。T1001来的处理气经过脱硫进入T1002，经过吸附剂吸附顶部出产品氢气。

② 一均降压（E1D）。在吸附过程完成后，通过程控阀将A塔内较高压力的氢气放入刚完成了二均升的D塔，直到A、D两塔的压力基本相等为止，这一过程是降压过程，也回收了A塔床层死空间内的氢气。

③ 二均降压（E2D）。在一均降过程完成后，通过程控阀将A塔内较高压力的氢气放入刚完成三均升的E塔，用于E塔的二均升。这一过程继续回收A塔床层死空间内的氢气。

④ 三均降压（E3D）。在二均降过程完成后，通过程控阀将A塔内较高压力的氢气放入刚完成了四均升的F塔，用于F塔的三均升，直到A、F两塔的压力基本相等为止。这一过程同样是继续回收A塔床层死空间内的氢气。

⑤ 四均降压（E4D）。在三均降过程完成后，通过程控阀将A塔内较高压力的氢气放入刚完成了五均升的G塔，用于G塔的四均升，直到A、G两塔的压力基本相等为止。这一过程同样是继续回收A塔床层死空间内的氢气。

⑥ 五均降压（E5D）。在四均降过程完成后，通过程控阀将塔内较高压力的氢气放入刚完成了抽空的H塔，用于H塔的五均升，直到A、H两塔的压力基本相等为止。这一过程同样是继续回收A塔床层死空间内的氢气。

⑦ 逆放（D）。在五均降压过程完成后，A塔的吸附前沿已基本达到床层出口。逆着吸附方向将A塔压力降至0.05MPa，此时被吸附的杂质开始从吸附剂中解吸出来。逆放解吸气放入逆放气缓冲罐V1003。

⑧ 抽空再生（V）。逆放结束后，用真空泵对 A 塔抽真空，这时被吸附的杂质随着其分压的降低而大量解吸出来，并逆着吸附方向通过真空泵放入解吸气混合罐 V1004。吸附剂再生完成，A 塔将转入其后的升压阶段。

⑨ 五均升压（E5R）。抽空完成后，通过程控阀将 D 塔内较高压力的氢气放入 A 塔，用于 A 塔的五均升，直到 A、D 两塔的压力基本相等为止。

⑩ 四均升压（E4R）。五均升完成后，通过程控阀将 E 塔内较高压力的氢气放入 A 塔，用于 A 塔的四均升，直到 A、E 两塔的压力基本相等为止。

⑪ 三均升压（E3R）。在四均升压过程完成后，通过程控阀将 F 塔内较高压力的氢气放入 A 塔，用于 A 塔的三均升，直到 A、F 两塔的压力基本相等为止。

⑫ 二均升压（E2R）。在三均升压过程完成后，通过程控阀将 G 塔内较高压力的氢气放入 A 塔，用于 A 塔的二均升，直到 A、G 两塔的压力基本相等为止。

⑬ 一均升压（E1R）。在二均升压过程完成后，通过程控阀将 H 塔内较高压力的氢气放入 A 塔，用于 A 塔的一均升，直到 A、H 两塔的压力基本相等为止。

⑭ 产品气升压过程（FR）。通过五次升压过程后，吸附塔压力仍然未达到吸附压力。这时用产品氢气对 A 塔进行缓慢升压，直至 A 塔压力升至吸附压力 2.3MPa 为止。经过这样的降压及升压过程后，吸附塔便完成了整个再生过程，为下一次吸附做好了准备并进入下一吸附循环。

5.5.3　PSA 单元工艺卡片

序号	控制点名称	仪表控制位号	单位	控制参数	备注	安全极限	安全分析	应对措施
1	放空罐液位	LICA70901	%	不大于 40	设备	A 类指标	80	火炬线带油	及时起泵外送污油
2	燃料气罐压力	PIC70801	MPa	0.2～0.35	工艺	A 类指标	0.53	超压,安全阀起跳	降低燃料气进装量
3	地下污油罐液位	LICA70801	%	不大于 60	安全	A 类指标	90	冒罐	及时起泵外送污油
4	减温减压器压力	PIC70504	MPa	2±0.2	工艺	B 类指标	2.8	超压,安全阀起跳	降低中压蒸汽入量,调整手阀开度
5	减温减压器温度	TIC70504	℃	200～230	工艺	A 类指标	280	重沸器超温	增大除氧水量
6	减温器温度	TIC70503	%	250±20	工艺	A 类指标	300	重沸器超温	增大除氧水量
7	PSA 解吸气罐压力	PT1006	MPa	不大于 0.25	工艺	A 类指标	0.3	超压,安全阀起跳	改放火炬
8	PSA 逆放罐压力	PT1005	MPa	不大于 0.2	工艺	B 类指标	0.3	超压,安全阀起跳	改放火炬
9	PSA 出口压力	PT1004	MPa	1.9±0.2	工艺	B 类指标	2.55	超压,安全阀起跳	改放火炬

5.5.4　PSA单元工艺流程（见附图5）

5.6　连续重整装置催化剂再生部分流程

5.6.1　催化剂再生部分工艺说明

从四反提升器 D334 输送来的待生剂进分离料斗 D301，D301 中设有淘析器，待生剂经淘析器分离出粉尘（粉尘通过粉尘收集器 M307 回收），然后连续地进入再生器。在闭锁料斗中通过专设的逻辑程序控制机（PLC）控制催化剂分批往下流动的流量，以控制整个再生系统催化剂的循环量。催化剂在再生器中分别通过下列回路来实现烧焦、氯化和焙烧过程。

① 再生气体循环回路。经再生气换热器（E301）换热和烧焦电加热器（F301）加热后的再生气体（主要组成为氮气，含氧）进入再生器（R301）的第二段烧焦区的中心管，径向离心流过催化剂床层，与自上而下靠重力流动的催化剂错流接触，并通过烧焦反应除去催化剂表面上的积炭。气体在再生器第二段烧焦区外网以外的环形空间集中，向上流动，并经补充空气调整氧含量和补充低温再生气体调整温度后进入再生器第一段烧焦区的中心管内。再生气体通过与第二段烧焦区同样的路径，完成第一段烧焦后，气体经再生器上部抽出，进入高温脱氯罐（D381）脱氯后进入经烧焦换热器（E301）换热冷却后进入再生循环气热水换热器（E308）和再生循环气后冷器（E303）降温冷却。然后通过再生气循环气体经再生循环器干燥器（Z301）吸水干燥，再生循环气过滤器（M303）过滤粉尘，再生气循环压缩机（K301A/B）升压，补充空气调整氧含量后开始下一个循环。该回路中气体中含氧量是通过二段入口氧含量在线分析仪和一段入口氧含量在线分析仪控制补充的空气量来调整实现的。

② 焙烧、氯化气体循环回路。净化压缩空气经空压机（K304A/B）升压，进入烧焦空气缓冲罐和空气干燥系统（M308）吸水干燥后与来自再生循环气压缩机 K301 出口的再生气体混合，经焙烧换热器（E302）换热、焙烧电加热器加热后进入焙烧段，逆向通过催化剂床层，对催化剂进行焙烧干燥，并通过氯化区与焙烧区之间的隔板上的小孔进入氯化区，与经氯氧化注氯泵（P304A/B）升压和氯化加热器（F303）加热汽化后的有机氯化物混合，对催化剂氯化。从氯化段抽出气体经低温脱氯罐（D382）脱氯后进入焙烧进料换热器（E302）冷却后与再生循环气体混合，进入再生循环气体回路，以此作为再生烧焦耗氧气的来源。

③ 催化剂循环回路。催化剂从再生器底部流出，进入再生器下部料斗（D303），然后用再生器提升器（D306）将催化剂输送至还原室（D311），进行催化剂还原，催化剂经烧焦、焙烧后氧化态的催化剂在氢气的作用下转化为还原态。还原用氢气为 PSA 氢气，还原氢气经换热器（E307A/B）换热升温，电加热器（F304）加热至所需温度后，进入（D311）与催化剂逆流接触，完成催化剂的氢气还原，然后氢气从还原室流出，经换热器（E307A/B）换热冷却后送至重整产物分离罐入口。催化剂经还原后按顺序进入重整一反、一反下部料斗，经一反提升器用氢气提升至二反上部料斗，并用同样的方式流经重整二反、三反和四

反,直至四反提升器,用氮气提升至分离料斗,除去催化剂粉尘后进入闭锁料斗,经闭锁料斗升压后回到再生器进行下一个循环。闭锁料斗上部连接低压的分离料斗,下部连接高压的再生器,其作用是将催化剂从低压区向高压区输送,其运行原理是"船闸原理",当其气体平衡管与分离料斗相通时,催化剂从分离料斗进入闭锁料斗;其气体平衡管与再生器相通时,催化剂从闭锁料斗进入再生器,一个闭锁料斗循环包括加压、卸料、降压、装料、准备五个步骤。四个反应和再生器下部均设有提升器。除四反提升器采用循环氮气作为提升气体外,其余将催化剂提至四个反应器上部料斗的提升器均采用氢气作为提升气体。

④ 氮气循环回路。再生系统设有氮气循环回路,为淘析器、四反提升器、闭锁料斗和其他气密点提供氮气。该回路通过循环氮气压缩机(K302A/B)来实现,压缩机入口设有循环氮气冷却器(E306)、入口分液罐(D307),压缩机出口设有稳压用的储罐(D341)。入口分液罐(D307)还设有介质放空及补充氮气的控制系统。进入分离料斗(D301)用于催化剂粉尘淘析的淘析气占循环氮气的绝大部分,此淘析气与四反提升器(D334)用气体一起将从四反提升过来的待生催化剂所含有的催化剂粉尘淘析出来,含尘气体经粉尘收集器(M307)除去催化剂粉尘。

5.6.2　催化再生部分工艺流程(见附图6)

第6章 连续重整装置转动设备

6.1 普通离心泵

适用于无最小流量限制的单级、多级离心泵的开停运行、切换、维护及故障分析与处理等。

6.1.1 准备工作

① 检查泵体及出、入口管线和附属管线上的阀门、法兰、活接头、压力表有无泄漏，入口过滤器是否装好。

② 检查地脚螺栓有无松动现象，联轴节是否接好，机泵轴中心线是否已找正好，盘车线是否划好。

③ 检查泵出口压力表和封油压力表压力开关是否安装良好，量程选择是否合适，压力表、电流表、轴承箱油位是否已用安全红线标记，核实压力表根部阀已打开。

④ 检查电机绝缘和接地是否良好。

⑤ 按机泵滑润油"五定"表和三级过滤规定向轴承油箱注入合格滑润油，加油前油箱必须清洗干净，油位应处于油标的1/2～2/3之间。

⑥ 盘车2～3圈，检查转子是否灵活、轻松，泵体内是否有不正常声音和金属撞击声，盘车后将对轮罩复位。

⑦ 打开泵体和自冲洗冷却器或封油罐的冷却水使其畅通循环，调节好冷却水流量。

⑧ 带有封油冲洗的泵，核实封油罐液位在50%～70%左右。

⑨ 首次开工时先将泵入口管线排空，稍开泵的入口阀灌泵，使泵内充满液体，打开泵出口管线的排气阀，用手沿泵旋转方向转动泵轴，将泵内气体全部排除，然后全开入口阀。

⑩ 对于泵送介质温度在200℃以上或泵送介质为易凝介质的泵，在运行前必须充分暖泵。暖泵必须缓慢，升温速度不得超过每小时50℃，预热到与运行温度差在30～50℃范围内，预热过程中每隔30min盘车180°。

⑪ 若是新安装机泵或是检修后的机泵，必须联系电工、钳工到现场。

⑫ 联系电工送电，对新安装泵或检修后的泵，应点动一下检查机泵旋转方向是否正常，

若反转，应立即停泵联系电工对电缆头接线"换相"。

⑬ 启动电机空间加热器。

注意：检修后投入使用的泵，需进行热态找正，即首先将泵预热到接近运行温度，然后由钳工进行找正。

6.1.2 启动

① 准备好测温、测振仪，听针，"F"扳手等工具。

② 确认入口阀全开、出口阀全关，出口管路调节阀开度约为50%。

③ 按启动电钮启动机泵。密切监视电流指示和泵出口压力指示的变化，检查封油的情况和端面密封的泄漏情况，察听机泵的运转声音是否正常，检查机泵的振动情况和各运转点的温度上升情况，若发现电流超负荷或机泵有杂音不正常，应立即停泵查找原因。

④ 若启动正常（所谓正常，即启动后，电流指针超程后很快下来，泵出口压力高于正常运行压力，无抽空现象，密封、振动、噪声、温度无异常），即可缓慢均匀地打开泵出口阀门，并同时密切监视电流指示和泵出口压力指示的变化情况，当电流指示值随着出口阀的逐渐开大而逐渐上升后，说明量已打出去。当泵出口阀打开到一定开度，继续开大后电流不再上升时，说明调节阀起作用，继续提量应用二次表遥控进一步开大调节阀。

注意：热油泵启动后关闭预热线阀门。

6.1.3 切换

6.1.3.1 正常切换

① 做好备用泵启动前的各项准备工作，按正常启动程序启动。切换前流量控制阀应改为手动，并由专人监视以使切换波动时能及时稳定流量。

② 备用泵启动正常后，应在逐渐开大备用泵出口阀的同时逐渐关小原运行泵出口阀（若两人配合，一开一关要互相均衡），直至新运行泵出口阀接近全开，原运行泵出口阀全关为止，然后才能停原运行泵。在切换过程中一定要随时注视电流压力和流量有无波动的情况，保证切换平稳。

③ 原运行泵停车后按正常停运进行处理。

6.1.3.2 紧急切换

离心泵在下列情况下须紧急切换：

① 泵有严重噪声、振动，轴封严重泄漏。

② 泵抽空。

③ 电机或轴承温度超高。

④ 电流过高或电机跑单相。

⑤ 进、出口管线发生严重泄漏。

⑥ 工艺系统发生严重事故，要求紧急切换：

a. 停原运行泵的电源。

b. 做好备用泵启动前的各项准备工作，启动备用泵。

c. 打开备用泵的出口阀，使出口流量达到规定值。

d. 关闭原运行泵的出、入口阀，对事故进行处理。

6.1.4 停泵

① 先关闭泵出口阀门，然后按停机按钮停机，视情况关闭入口阀门（如泵不检修，则不必关闭）。

② 停泵后如需检修，则将封油罐的封油排干净，泵体温度降至常温后停冷却水（若泵停后不检修，可以不排封油罐的封油）。

③ 热油泵停运后，可适当调小冷却水而不应停止冷却，打开泵预热线阀门，使之处于热备用状态，应防止预热太大引起泵倒转。若泵需解体检修，则应关闭入口阀，适当打开泵出、入口管线的联通线阀，停止泵体预热，冷却后待修。应经常检查泵体的冷却速度，判断出、入口阀门是否关严。

④ 停泵后1h，应盘车一次。

⑤ 需要检修的泵，要在停泵后实施隔离、冷却、排液，并停辅助系统，使泵内压力下降为零，高温泵泵体温度降为50℃。需置换吹扫的泵必须吹扫干净。确认所有阀门已关闭，并且联系电工停电。

6.1.5 注意事项

① 绝对不允许无液体空转，以免损坏零件。

② 必须确保轴承箱油位及油质正常，以防轴承损坏。

③ 不允许未灌泵排气即运转泵。

④ 启动后在出口阀未开的情况下断流运行一般不应超过1~2min。

⑤ 必要时用出口阀调节流量，不可用入口阀调节流量，以免抽空。

⑥ 离心泵运行中应注意节流调节时的影响，因发生汽化而出现噪声及振动的问题。

⑦ 备用泵应处于合理的备用状态。通常情况下泵的入口阀应全开，出口阀应关闭，对于高温泵应把泵的预热线阀门打开；对于带有自启动的泵，在备用时出口阀的开度应与运行泵的出口阀开度保持一致，现场开关处于"自动"位置。

⑧ 随时检查泵入口滤网的运行状况，判断入口滤网发生堵塞时，及时安排清洗。

6.1.6 运行维护

① 检查轴承温度。滑动轴承温度不大于65℃，滚动轴承温度不大于70℃。

② 检查振动。15kW以下的转机≤1.8mm/s，300kW以下的转机≤2.8mm/s，大型转机刚性支承≤4.5mm/s，大型转机柔性支承≤7.1mm/s。

③ 润滑油（脂）的补充和更换：

a. 经常检查轴承箱的油位，及时补充规定牌号的润滑油。经常检查电机的润滑情况。

b. 对于用润滑油润滑的泵，按润滑油"五定"表规定加油，油面保持至油标的1/2~2/3之间。每次加、换润滑油做好相应的记录。

c. 对于用润滑脂润滑的机泵，按润滑油"五定"表规定加润滑脂。每次加、换润滑脂做好相应的记录。

④ 检查轴封运行状况。机械密封泄漏不超过以下标准：轻质油为 10 滴/分，重油为 5 滴/分。填料密封泄漏不超过以下标准：轻质油为 20 滴/分，重油为 10 滴/分。同时应视泵送介质的化学性质、环境及工艺条件等综合考虑。实际工作中的机械密封，要检查封油罐液位是否保持在 50% 左右，如出现封油罐液位上升或下降较快的现象，说明机械密封发生泄漏。如密封泄漏超标，则更换或修理轴封。

⑤ 检查各种仪表。检查泵出口压力是否正常，压力和电流指针有无晃针和变化情况，检查泵上量情况，有无抽空情况，检查电流指示是否超过额定电流，并将检查出的有关异常情况及时汇报班长或有关管理人员，以便及时处理。

⑥ 检查辅助部分：

a. 检查冷却水系统是否畅通，适当调节冷却水量保持回水温度正常，若水质太脏，水流不畅，应及时处理。

b. 实际工作中的机械密封，当封油罐液位降低到下限时需补充封液至正常。

⑦ 检查备用泵：

a. 备用泵应处于良好的备用状态，以便及时切换。备用泵按制度要求进行盘车。

b. 应做好机泵的清洁卫生工作，机泵的定期维护保养工作，使机泵在良好的环境下运行。

⑧ 认真做好运行记录。

6.1.7 常见故障及处理方法

常见故障	原因	处理方法
泵达不到规定流量和压力	进口管线或泵壳内有空气	停泵排气
	入口压力与饱和蒸气压之差过小	检查 NPSHa(有效气蚀余量)
	进、出口阀开度太小	全开进、出口阀
	进口管道大量泄漏	查漏处理
	进、出口阀阀芯脱落或进口管道滤网堵塞	修理阀门或清洗进口管道过滤器
	电机反转或电机转速低	检查电机
	泵叶轮损坏或被异物堵塞	更换叶轮或清理
	系统总扬程高于泵的设计扬程	重新检查系统
	并联泵工作条件不符	重新检查系统
	液体黏度与设计值不符	重新检查系统
异常振动和噪声	泵和入口管线未充满液体	灌泵排气
	发生气蚀	检查 NPSHa
	抽空	确保流量不低于最小流量
	电机与泵轴不同心	重新校正
	联轴器损坏	确认并修理
	泵轴弯曲或轴系不平衡	确认并修理
	轴承损坏	确认并修理
	泵基础不牢固，地脚螺栓松	重新加固基础
	出口管线固定不好，产生共振	加固管线

续表

常见故障	原因	处理方法
轴承过热	润滑油变质或油量不足	更换或添加润滑油
	泵与电机轴不同心	重新找正
	轴承安装不良	检查安装条件并修理
	轴弯曲	检查轴的径向跳动，或修理或更换
	冷却水量低（轴承箱采用水冷）	调整冷却水量
泵内有杂音	有杂质进入泵体	停泵清理
	排气不充分	重新排气
	入口压力与介质饱和蒸气压之差过小	检查入口压力并修正
	流量过低	加大流量
	旋转件与固定件发生摩擦	停泵检修
机械密封因泄漏而严重缩短使用寿命	机械密封封油系统管线堵塞	拆装清理
	机械密封安装不正确	检查，调整或更换
	振动过大	检查轴的径向跳动、中心线、轴承磨损及轴系的不平衡等情况
	密封腔冷却不够	增加冷却
	密封面或密封圈损坏	修理或更换

6.2 液下泵

适用于长轴式液下泵的开停运行、切换、维护及故障分析与处理等。

6.2.1 准备工作

① 检查泵体及出、入口管线和附属管线上的阀门、法兰、活接头、压力表有无泄漏。

② 检查地脚螺栓有无松动现象，联轴节是否接好，机泵轴中心线是否已找正好。

③ 检查泵出口压力表和封油压力表压力开关是否安装良好，量程选择是否合适，压力表、电流表、轴承箱油位是否已用安全红线标记，核实压力表根部阀已打开。

④ 检查电机绝缘和接地是否良好。

⑤ 轴承采用润滑油润滑的泵应按机泵滑润油"五定"表和三级过滤规定向轴承油箱注入合格滑润油，加油前油箱必须清洗干净，油位应处于油标的 1/2～2/3 之间；轴承采用润滑脂润滑的泵，应检查是否已注入适量的润滑脂。

⑥ 盘车 2～3 圈，检查转子是否灵活、轻松，泵体内是否有不正常声音和金属撞击声，盘车后将对轮罩复位。

⑦ 若是新安装机泵或是检修后的机泵，必须联系电工、钳工到现场。

⑧ 联系电工送电，对新安装泵或检修后的泵，应点动一下检查机泵旋转方向是否正常，若反转，应立即停泵联系电工对电缆头接线"换相"。

⑨ 液位控制泵启停逻辑试验合格。

注意：这类泵有自启动功能，因此要求盘车时将开关置"锁停"位置。

6.2.2 启动

① 首次启动：

a. 确认出口阀全关，入口罐液位高于50%以上，将开关置"运行"位置启动泵。

b. 确认泵运行无异常后，断流运转一般不能超过1~2min，然后慢慢打开出口阀，直到达到规定的出口流量和压力为止。

c. 调整正常后按停止按钮停泵，保持出口阀阀位不变。

注：新安装的泵或检修后的泵均应进行这一步启动。

② 液位控制泵自启动。首次启动完成后，将开关置"自动"位置，当液位高报警时，泵将自动启动，将罐内液体输送出去。

6.2.3 停车

① 手动停泵：

a. 慢慢关闭泵出口阀，将开关转动至"停止"位置停泵。

b. 紧急停车时，可先切断电源停泵，然后关闭出口阀。

注：泵出现故障或长时间停运均应进行手动停泵。

② 自动停泵。开关处于"自动"位置，当液位低报警时，泵将自动停止。停泵后出口阀阀位不变。

6.2.4 运行维护

① 检查轴承温度。滑动轴承温度不大于65℃，滚动轴承温度不大于70℃。

② 检查振动情况。15kW以下的转机≤1.8mm/s，300kW以下的转机≤2.8mm/s，大型转机刚性支承≤4.5mm/s，大型转机柔性支承≤7.1mm/s。

③ 润滑油（脂）的补充和更换：

a. 经常检查轴承箱的油位，及时补充规定牌号的润滑油。经常检查电机的润滑情况。

b. 对于用润滑油润滑的泵，按润滑油"五定"表规定加油，油面保持至油标的1/2~2/3之间。每次加、换润滑油做好相应的记录。

c. 对于用润滑脂润滑的机泵，按润滑油"五定"表规定加润滑脂。每次加、换润滑脂做好相应的记录。

④ 检查轴封运行状况。机械密封泄漏不超过以下标准：轻质油为10滴/分，重油为5滴/分。填料密封泄漏不超过以下标准：轻质油为20滴/分，重油为10滴/分。如密封泄漏超标，则更换或修理轴封。

⑤ 检查各种仪表。检查泵出口压力是否正常，压力和电流指针有无晃针和变化情况，检查泵上量情况，有无抽空情况，检查电流指示是否超过额定电流，并将检查出的有关异常情况及时汇报班长或有关管理人员，以便及时处理。

⑥ 按规定做好各项记录。

6.2.5 常见故障及处理方法

常见故障	原因	处理方法
泵不启动	电机故障或断电	修理电机或检查供电系统
	叶轮堵塞	清理
	泵咬死	修理泵
	液控失灵	检修液控回路
泵打不出液体	出口阀未打开或故障	打开出口阀或修理出口阀
	空气漏进吸入系统	检查吸入系统
	叶轮被异物堵塞	清理异物
泵出口流量和扬程不足	空气漏进吸入系统	检查吸入系统
	转速低	检查电机及电源
	净吸入压力不足	改善吸入条件
	机械缺陷（如耐磨环磨损等）	修理或更换
	进、出口被异物堵塞	清理异物
	仪表故障	更换或修理
	泵反转	调整电机转向
开始运行正常但立即又不出液体	吸入空气	检查吸入槽液位
轴承过热	润滑油（脂）太少或变质	加油（脂）或更换油（脂）
	电机与泵对中不良	重新找正
	轴承损坏	更换轴承
	轴弯曲	修理或更换轴
	轴向力增加	检查原因，修理
填料箱过热	填料过紧	调整填料
	选用的填料不合适	更换合适的填料
电机过载	超速运转	检查电源
	泵内有异常接触	修理
	轴弯曲或对中不良	修理或更换轴，重新找正
	液体相对密度、黏度大	检查设计
	电机反转	调整电机转向
振动大	对中不良	重新找正
	轴弯曲	修理或更换轴
	基础固定不良	加固基础
	轴承损坏	更换轴承
	叶轮被异物堵塞	清理异物
	净吸入压头不足或储槽中液位低或吸入系统进入空气而产生汽蚀	改善吸入条件，停泵，待液位上升后再启动泵，检查吸入系统

6.3 隔膜计量泵

6.3.1 准备工作

① 检查基础螺栓是否牢固，防护罩是否安装牢固。
② 检查电机绝缘和接地是否良好。
③ 检查所有配管及辅助设备安装是否符合要求，入口过滤器是否装好。
④ 检查压力表是否校验合格，是否已用安全红线标记。
⑤ 检查泵出口安全阀定压是否正常，铅封是否完好，管线是否畅通。
⑥ 检查齿轮箱、液压腔油位，按机泵滑润油"五定"表和三级过滤规定向各油箱注入合格滑润油，加油前油箱必须清洗干净，油位应处于油标的 1/2～2/3 之间。
⑦ 将行程调至最大处，盘车使柱塞前后移动数次，各运动部件不得有松动、卡涩、撞击等不正常的声音和现象。
⑧ 打开泵出、入口阀。
⑨ 联系电工送电，对新安装泵或检修后的泵，应点动一下检查机泵旋转方向是否正常，若反转，应立即停泵联系电工对电缆头接线"换相"。

6.3.2 启动

① 用行程调节手轮把行程调到"0"的位置。
② 启动泵，检查泵的运转情况，各运转部件不应有强烈的振动和不正常的声音，否则应停泵检查原因，排除故障后再投入运行。
③ 泵运行正常后，调节计量旋钮使泵达到正常流量和压力。

6.3.3 停车

① 按停机按钮，停泵。
② 待泵停运后关闭出、入口阀。

6.3.4 切换

① 备用泵做好启动前的一切准备工作。
② 打开备用泵出口、入口阀，将柱塞冲程调整到与原运行泵一样的位置。
③ 启动备用泵，备用泵运行正常后，停原运行泵，再根据实际流量调节柱塞冲程，使流量保持与以前一样。

6.3.5 运行维护

① 检查轴承温度。滑动轴承温度不大于 65℃，滚动轴承温度不大于 70℃。
② 检查振动情况。15kW 以下的转机≤1.8mm/s，300kW 以下的转机≤2.8mm/s，大型转机刚性支承≤4.5mm/s，大型转机柔性支承≤7.1mm/s。

③ 润滑油（脂）的补充和更换：

a. 经常检查轴承箱的油位，及时补充规定牌号的润滑油。经常检查电机的润滑情况。

b. 对于用润滑油润滑的泵，按润滑油"五定"表规定加油，油面保持至油标的1/2～2/3之间。每次加、换润滑油做好相应的记录。

c. 对于用润滑脂润滑的机泵，按润滑油"五定"表规定加润滑脂。每次加、换润滑脂做好相应的记录。

d. 检查泵的进、出口压力，流量是否正常。

e. 齿轮箱油在首次运行300h后更换，以后每运行4000h更换。

f. 液压腔油连续运行8000h需更换。

6.3.6 常见故障及处理方法

常见故障	原因	处理方法
无流量	未送电	送电
	电机故障	电机修理或更换
	对轮故障	对轮更换或检查超载原因
	入口无流量	检查入口罐液位
	出、入口阀关	打开阀门
	过滤器或管道堵塞	清洗过滤器或管道
	泵单向阀故障	更换单向阀
	泵单向阀安装不正确	检查单向阀
	气阻	排气或灌泵
	出口系统压力太高	检查安全阀,检查出口管线长度或直径,管路计算
	入口吸入高度不够	减少入口管路损失,如必要增加入口压力或安装缓冲罐
	行程调节手轮置"0"	调节行程长度
流量过小	泵单向阀堵塞或损坏	清洗、更换、检修泵单向阀
	安全阀泄漏	检修、重新定压
	安全阀跳	检修、重新定压
	填料泄漏	压紧填料或更换
	气阻	增加入口压力
	行程长度错误	调整
	膜片泵排气阀、补油阀或减压阀泄漏	清洗、检修损坏部件
	膜片泵液压腔带气	排气
流量过大	入口压力高于出口压力	调整管路压力
	行程长度设置错误	调整行程长度,如必要重新计算
流量不稳定	介质不干净	清洗管道
	泵单向阀阀座、阀球或锥损坏	检修或更换阀门
	入口压力或流量波动	检查运行条件

6.4 柱塞计量泵

适用于柱塞式计量泵的开停运行、切换、维护及故障分析与处理等。

6.4.1 准备工作

① 检查基础螺栓是否牢固，防护罩是否安装牢固。
② 检查电机绝缘和接地是否良好。
③ 检查所有配管及辅助设备安装是否符合要求，入口过滤器是否装好。
④ 检查压力表是否校验合格，是否已用安全红线标记。
⑤ 检查十字头和柱塞是否生锈。
⑥ 检查泵出口安全阀定压是否正常，铅封是否完好，管线是否畅通。
⑦ 检查传动箱油位，按机泵滑润油"五定"表和三级过滤规定向油箱注入合格滑润油，加油前油箱必须清洗干净，油位应处于油标的 1/2～2/3 之间。
⑧ 将行程调至最大处，盘车使柱塞前后移动数次，各运动部件不得有松动、卡涩、撞击等不正常的声音和现象。
⑨ 打开泵出口阀，入口阀保持关闭状态。
⑩ 联系电工送电，对新安装泵或检修后的泵，应点动一下检查机泵旋转方向是否正常，若反转，应立即停泵联系电工对电缆头接线"换相"。

6.4.2 启动

① 通过转动行程长度调节帽将行程长度指示器调到"0"的位置。
② 启动泵，运行正常后，按工艺要求调节行程长度调节帽，使泵达到正常流量和压力。

6.4.3 停车

① 按停机按钮，停泵。
② 待泵停运后关闭出、入口阀。

6.3.4 切换

① 备用泵做好启动前的一切准备工作。
② 按正常开泵步骤开备用泵。
③ 备用泵运行正常后，停原运行泵，再根据实际流量调节柱塞冲程。

6.4.5 运行维护

① 检查轴承温度。滑动轴承温度不大于 65℃，滚动轴承温度不大于 70℃。
② 检查振动。15kW 以下的转机≤1.8mm/s，300kW 以下的转机≤2.8mm/s，大型转机刚性支承≤4.5mm/s，大型转机柔性支承≤7.1mm/s。
③ 润滑油（脂）的补充和更换：

a. 经常检查轴承箱的油位,及时补充规定牌号的润滑油。经常检查电机的润滑情况。

b. 对于用润滑油润滑的泵,按润滑油"五定"表规定加油,油面保持至油标的1/2~2/3之间。每次加、换润滑油做好相应的记录。

c. 对于用润滑脂润滑的机泵,按润滑油"五定"表规定加润滑脂。每次加、换润滑脂做好相应的记录。

④ 检查泵的进、出口压力,流量是否正常。

⑤ 检查填料箱的填料密封有无泄漏。

⑥ 检查蜗杆轴及十字头密封处的油封有无泄漏。

⑦ 传动箱油在首次运行500h后更换,以后每运行8000h更换一次。

6.4.6 常见故障及处理方法

常见故障	原因	处理方法
泵不运转	电源线路不对	更正电源线路
	输送液体结冰	防止液体结冰
	排出管路堵塞	检查出口管路
	传动端坏	检查传动损坏的部件
	上套筒与传动箱体之间的垫片调整不好	重新调整垫片
	蜗杆轴与电机输出轴的同心调整不好	重新调整蜗杆轴与电机输出轴的同心度
行程长度调节机构转不动或转动时阻力很大	传动端坏	检查传动损坏的部件
	上套筒与传动箱体之间的垫片调整不好	重新调整垫片
电机超载	泵出口超过泵额定排出压力	降低泵出口压力或降低泵的行程长度
	润滑油的黏度高于规定的润滑油的黏度	使用规定的润滑油
	润滑油太多	排出多余的润滑油
	填料压盖拧得过紧	重新调整填料压盖
传动箱体内的润滑油温度异常上升	泵出口超过泵额定排出压力	降低泵出口压力或降低泵的行程长度
	润滑油的黏度高于规定的润滑油的黏度	使用规定的润滑油
振动、噪声大	N形轴或偏心块磨损	更换磨损件
	上套筒与传动箱体之间的垫片调整不好	重新调整垫片
	连杆大、小头的轴承磨损	更换轴承
	蜗杆轴的两端轴承磨损	更换轴承
	偏心块下面的球轴承磨损	更换轴承
	上套筒与传动箱体之间的垫片调整不好	重新调整垫片
	NPSHa不足	增加入口压力
泵不排液	连接柱塞和十字头的压紧螺母没连上	重新连接,紧固
	吸入管路的阀门没打开	打开阀门
	单向阀安装不正确	重新组装液力端
	阀和阀座之间被杂物垫上	清除杂物
	吸入池中的输送液体不足	补液
	吸入管漏气	堵漏

续表

常见故障	原因	处理方法
泵排出流量小	过滤器堵塞	清洗
	NPSHa 不足	增加入口压力
	输送的液体内有颗粒	重新检查技术要求
	填料密封处泄漏	重新紧固或更换填料密封
	吸入或排出的单向阀磨损	更换已磨损的零件
泵排出流量大	吸入压力大于排出压力	在吸入管路安装减压阀
	最小的压差要求不够	在吸入管路上安装减压阀,安装蓄能器,使用大直径管

6.5 螺杆泵、齿轮泵

本规程适用于螺杆泵和齿轮泵的开停运行、切换、维护及故障分析与处理等。

6.5.1 准备工作

① 检查基础螺栓是否牢固,防护罩是否安装牢固。
② 检查电机绝缘和接地是否良好。
③ 检查所有配管及辅助设备安装是否符合要求,入口过滤器是否装好。
④ 检查压力表是否校验合格,是否已用安全红线标记。
⑤ 用手盘车,检查旋转部分转动是否灵活,有无卡涩及轻重不匀现象。
⑥ 打开泵的出、入口阀。
⑦ 联系电工送电,对新安装泵或检修后的泵,应点动一下检查机泵旋转方向是否正常,若反转,应立即停泵联系电工对电缆头接线"换相"。

6.5.2 启动

① 按启动电钮开泵。
② 泵运转正常后,检查泵的出口压力、流量、轴承温度和轴封处的温度、泵的振动、润滑油的油位、噪声以及轴封泄漏情况,按规定做好记录。

6.5.3 切换

① 备用泵做好启动准备。
② 按备用泵电钮启动泵,同时按运行泵电钮停泵。

6.5.4 停泵

① 按停泵按钮停泵。
② 如需检修,待泵停运后,关闭泵出、入口阀,排尽泵内介质。

6.5.5 运行维护

① 检查轴承温度。滑动轴承温度不大于65℃，滚动轴承温度不大于70℃。
② 检查振动情况。15kW以下的转机≤1.8mm/s，300kW以下的转机≤2.8mm/s，大型转机刚性支承≤4.5mm/s，大型转机柔性支承≤7.1mm/s。
③ 给电机加润滑脂。每次加、换润滑脂做好相应的记录。
④ 检查密封运行状况。
⑤ 检查泵的进、出口压力，流量是否正常。

6.5.6 常见故障及处理方法

常见故障	原因	处理方法
流量不足	没有灌泵或排气	排气
	泵系统故障	检查系统各部位,消除故障,确认进、出口管线畅通,阀门运行正确
	转速低	检查电机
	旁路损失	检查系统旁路阀及安全阀,必要时修理或更换
	入口压力过低	清理入口过滤器
	介质黏度过大	加热介质,降低黏度
吸入损失	进口管线关闭、堵塞或泄漏	确认进口阀全开,检查进口管线,清除泄漏
	输送流体黏度大	加热泵或降低流体黏度
	进口过滤器脏	清洗过滤器
	电机反转	改正电机旋转方向
出口压力低	储油罐的油位低	检查油位,必要时加注
	转子与泵体发生摩擦	修理
	系统旁路故障	检查所有旁路阀,包括安全阀的泄漏情况,必要时修理或更换
	系统进入空气	彻底排气
	管线堵塞	检查进口阀及进口管线,清除故障
异常振动或噪声	不对中	重新找正对中
	管线堵塞	检查进口管线,清除堵塞物
	进口过滤器脏	清理进口过滤器
	系统进入空气	找出原因并彻底排气
	安全阀起跳或泄漏	检查安全阀的定压值,重新调整
	泵内部件磨损严重	拆泵修理
	机械故障	检查联轴器错位、紧固情况,轴弯曲或断裂、轴承磨损情况并修复
泵磨损过快	流体含有外来磨粒	取样确认含量,降低下游过滤网的等级,必要时更换流体
	流体含水	脱水,找出水的来源并予以消除
	不对中	重新对中
	流量不足	检查储罐液位,必要时加注,清除进口管线的堵塞物,清理过滤器
能量消耗过高	流体黏度过高	加热流体至设计温度
	泵的进、出口管线关闭或堵塞	确认进、出口管线畅通,如有堵塞,予以清除
	泵内部件摩擦严重	确认对中情况,检查泵各磨损部件情况,必要时更换
	泵转速过高	降低转速至规定值
	机械故障	检查轴弯曲、抱轴或管线应力情况,必要时修理或更换

6.6 屏蔽泵

适用于屏蔽电泵的开停运行、切换、维护及故障分析与处理等。

6.6.1 准备

① 检查泵及电机紧固件、螺栓及各运行部件连接螺栓有无松动，电机静电接地、绝缘是否良好。
② 检查轴承箱油位。
③ 检查泵入口过滤网是否安装好。
④ 确认泵进、出口压力表等已校好并投用。
⑤ 泵体排凝后关闭排凝阀。
⑥ 打开入口阀、逆向循环管路阀门，用排出侧的放空阀排除泵和管路内气体，使液体充满进、出口管线及泵体。
⑦ 正确投用冷却水系统。
⑧ 联系电工送电，对新安装泵或检修后的泵，应点动一下检查机泵旋转方向是否正常，若反转，应立即停泵联系电工对电缆头接线"换相"。

6.6.2 启动

① 准备好测温、测振仪，听针或听诊器，"F"扳手等工具。
② 确认入口阀全开、出口阀全关、逆向循环管路阀门全开，出口管路调节阀开度约为50%。
③ 按启动电钮启动机泵。检查轴承监测器指示是否正常，密切监视电流指示和泵出口压力指示的变化，察听机泵的运转声音是否正常，检查机泵的振动情况和各运转点的温度上升情况，若有异常，应立即停泵查找原因。
④ 若启动正常（所谓正常，即启动后，电流指针超程后很快下来，泵出口压力高于正常运行压力，无抽空现象，密封、振动、噪声、温度无异常），即可缓慢均匀地打开泵出口阀门，并同时密切监视电流指示和泵出口压力指示的变化情况，当电流指示值随着出口阀的逐渐开大而逐渐上升后，说明量已打出去。当泵出口阀打开到一定开度，继续开大后电流不再上升时，说明调节阀起作用，继续提量应用二次表遥控进一步开大调节阀。

注意：屏蔽泵忌介质内含硬质颗粒，因此要求泵出、入口管线必须彻底清扫干净，并在入口进行较高精度过滤，否则硬质颗粒会造成隔套磨穿。轴承监测器指示说明：g1——超过量程，表示反转；g2——黄～红，表示有故障；g3——绿区，表示正常运转。

6.6.3 切换

6.6.3.1 正常切换

① 做好备用泵启动前的各项准备工作，按正常启动程序启动。切换前流量控制阀应改为手动，并由专人监视以使切换波动时及时稳定流量。
② 备用泵启动正常后，应在逐渐开大备用泵出口阀的同时逐渐关小原运行泵出口阀

（若两人配合，一开一关要互相均衡），直至新运行泵出口阀接近全开，原运行泵出口阀全关为止，然后才能停原运行泵。在切换过程中一定要随时注视电流压力和流量有无波动的情况，保证切换平稳。

③ 原运行泵停车后按正常停运进行处理。

6.6.3.2 紧急切换

① 屏蔽泵在下列情况下需紧急切换：

a. 泵有严重噪声、振动，轴封严重泄漏。

b. 泵抽空。

c. 进、出口管线发生严重泄漏。

d. 工艺系统发生严重事故。

② 停原运行泵的电源。

③ 做好备用泵启动前的各项准备工作，启动备用泵。

④ 打开备用泵的出口阀，使出口流量达到规定值。

⑤ 关闭原运行泵的出、入口阀，对事故进行处理。

6.6.4 停泵

① 先关闭泵出口阀门，然后按停机按钮停机，视情况关闭入口阀门（如泵不检修，则不必关闭）。

② 需要检修的泵，要在停泵后实施隔离、排液、停辅助系统，并联系电工停电。

6.6.5 注意事项

① 绝对不允许无液体空转，以免损坏零件。

② 不允许未灌泵排气即运转泵。

③ 启动后在出口阀未开的情况下断流运行一般不应超过 1~2min。

④ 必要时用出口阀调节流量，不可用入口阀调节流量，以免抽空。

⑤ 屏蔽泵运行中应注意节流调节时的影响，因发生汽化而出现噪声及振动的问题。

⑥ 随时检查泵入口滤网的运行状况，判断入口滤网发生堵塞时，及时安排清洗。

6.6.6 运行维护

① 检查轴承温度。滑动轴承温度不大于 65℃，滚动轴承温度不大于 70℃。

② 检查振动情况。15kW 以下的转机≤1.8mm/s，300kW 以下的转机≤2.8mm/s，大型转机刚性支承≤4.5mm/s，大型转机柔性支承≤7.1mm/s。

③ 检查轴承监测器指示是否正常。

④ 检查备用泵：

a. 备用泵应处于良好的备用状态，以便及时切换。

b. 应做好机泵的清洁卫生工作，机泵的定期维护保养工作，使机泵在良好的环境下运行。

⑤ 认真做好运行记录。

6.6.7 常见故障及处理方法

常见故障	原因	处理方法
不打量或首次运行打量不足	缺相	纠正三相接线
	泵内进入气体、空气积存	检修配管,彻底排气
	阀门没有打开	打开阀门
	电源没接通	检查接线是否错误、接触是否良好
	电机线圈断线	测量线间电阻,发现断线,返厂修理
	反转	调换电源相序
	管路压力或实际扬程与设计不符	按规格要求修改或换泵
	吸入液中含有气泡	检修配管
	异物堵塞流道	清除异物
	电压下降	调整至规定电压
	发生气蚀	检修吸入侧配管
	黏度、相对密度过大	按规格要求修改或换泵
	泵内液体结晶析出	清除结晶
运行中流量不足	上述各项	参照上述措施
	泵体及叶轮的口环磨损	更换修理
	叶轮磨损、损伤	更换修理
	输送液温度降低引起黏度、相对密度增大	按设计进行保温或更换泵
	配管管路损失增大	清理配管
	空运转造成轴承烧坏,过负荷	更换轴承
电动机自动停转	空运转造成轴承烧坏	更换轴承
	过负荷	液体规格是否符合要求,流量扬程是否符合设计规定,更换泵
	过热	是否完全排气,循环管路是否堵塞,冷却水是否符合要求
	热元件工作不良	返厂修理
	保护装置设定有误	检查后矫正设定
异常振动和噪声	发生汽蚀	检修吸入管,增加安装高度
	循环液不足	清理循环系统
	吸入口吸入空气	修理配管
	吸入液中含气泡	修理配管
	侵入固体异物	清除异物
	轴承磨损	更换轴承
	泵安装不良	重新安装
	输送液结晶	清除结晶
轴承异常磨损(TRG 表指针在红区)	空运转	绝对禁止
	循环液不足	清理循环管路
	混入泥浆	采取防止泥浆混入的措施

续表

常见故障	原因	处理方法
轴承异常磨损 （TRG 表指针在红区）	输送液引起腐蚀	改变材质
	轴套滑动造成缺损或表面粗糙	更换轴套
	产生结晶	消除结晶

6.6.8 轴承监测器指示说明

轴承监测器指示及电泵状态	可能故障	检查或处理方法
表针指示值逐渐增大、指针不摆动，有时运转不好	电源电压升高或者轴承磨损增大	先检查端电压是否正常再检查轴承磨损情况，超过要求值，换新轴承
表针摆动无规则，电泵流量、压力不稳，内部声音不正常，有时端部发热	循环液系统不正常，流量不足或有气泡	检查循环液管路、电泵类型是否符合工艺要求
表针突然上升至红色区，表针摆动幅度增大且有规则性波动，有时停机后再启动时故障消失	转子笼条胀开或造成局部断条	换同型号新转子
表针突然上升至红色区，表针摆动幅度增大，且有规则性波动伴随泵内声音不正常	叶轮摇动，转轴弯曲，口环磨损	拆开电泵壳检查修理损坏处
表针指示值＞0.75，运转声不通畅，流量压力低	相序接反	检查电源相序并重接电源
表针指示正常，运转不通畅，流量压力低或运行正常，表针指示值＞0.75	模块三相电源线与电动机端子的相序不一致，轴承监测器与热元件线路接反	检查模块三相电源线及电动机端子引出线的相序，按正确相序接好
表针指示值＞0.5，一相电流为零	断相	检查电源线，把电源接好
表针指示值忽大忽小或者摆动，这种现象是暂时的	管路混入异物或工作液，有结晶或沉淀物	检查工作液及循环管路，排出异物
电泵工作正常，电源线正接、反接表针指示值始终＞0.75，有时停转一阶段再启动，故障消失	模块或轴监测器损坏或者轴承监测器系统回路有接地现象	检查模块输入、输出电参数，检查电表电参数，检查模块及线路板、电回路的各连接线接地点
表针无指示或反向	模块检查后再组装时，极性装反，仪表损坏，模块选用错误	检查仪表及模块选用类型、模块安装孔及仪表的极性是否符合要求
表针在某位置不动	卡针	把仪表拆下检查
主电路端子对地绝缘为零，或者启动电泵时跳闸	接线架损坏，模块损坏，主绕组损坏，轴承监测器与热元件线路接反	把模块及主绕组自接线架上拆下分别检查

6.7 重整循环氢压缩机（ST111-K-201）

ST111-K-201 为 140 万吨/年连续重整装置关键设备，主要作用是维持重整反应所需的循环氢流量，确保重整反应正常进行。该机组由沈阳斯特透平机械有限公司制造的 VSMC806 离心压缩机和杭州中能汽轮动力有限公司制造的 HS33021 汽轮机组成，压缩机与汽轮机由膜片联轴器连接（无锡创明），压缩机和汽轮机安装在同一钢底座上。整个机组采用润滑油站供油,压缩机的轴端密封采用四川日机密封股份有限公司干气密封,干气密封的控制系统也由四川日机密封股份有限公司提供。机组布置为双层,主机布置在压缩机厂房二层,油站等辅机位于一层。

6.7.1　开机前的检查和要求

① 现场环境整洁,符合开机条件,机组保温完好,照明及消防器材齐全。

② 准备好开车工具,全面检查系统内的设备、管线、阀门连接是否正确可靠,检查阀门开关是否灵活。

③ 检查管线阀门,排凝点的通畅情况和开关状态。入口蝶阀,出口闸阀,反飞动调节阀及前后手阀,副线阀,安全阀前后手阀,放火炬阀全部处于关闭状态。

④ 打开系统上各压力开关、压力表、压力变送器、液位计及所有通向仪表的阀门。

⑤ 联系仪表、电气,检查自控等监测系统,确保灵敏可靠。仪表齐全并检验合格。

⑥ 联系调度等外联单位,引进仪表风、蒸汽、电、循环水、N_2 等,且各项指标须达要求,检查机组所有管线、阀门及机体连接有无泄漏。

⑦ 各相关部门有关人员到现场。

6.7.2　干气密封系统的投用

① 干气密封系统与机组间的连接管线敷设完成后应拆下酸洗并用蒸汽吹扫干净。管线复位后密封安装前用经过滤的干净气体继续吹扫输气工艺管道,一级密封气管路清洁度为 $1\mu m$,可用洁净的白布在出气口检查,气体流速应不低于 20m/s,5min 内无明显污物为合格。吹扫干净后关闭所有阀门,处于待命状态。

② 投用现场压力表、变送器等。

③ 投用隔离气。

注意:在正常运行中不可中断后置隔离气,压缩机停车后,后置隔离气必须在润滑油停止供给 **10min** 之后停止。

④ 投用一级密封气。

注意:机组进气前必须先投用一级密封气,一级密封气压力必须高于系统高低压端放火炬管线压力 **0.1MPa** 以上,否则一级密封上下游可能会形成负压差,启动后会损坏密封系统。

6.7.3　干气密封系统使用注意事项

① 润滑油投用前至少 10min,必须先通后置隔离气,且在正常运行中不可中断;压缩机停车后,后置隔离气必须在润滑油停止供给且回油管路无油流动至少 10min 后才可关闭;开始后,后置隔离气不能停止,否则会对密封系统造成损坏。

② 流量计前、后切断阀必须缓慢开启,防止浮子受带压气流冲击而卡住。

③ 压缩机组投用介质气体前,必须首先投用一次密封气和二次密封气,以防机内介质气污染密封端面;当压缩机停运时,机内气体排净之后方可关闭主密封气。

④ 投用过滤器时应先缓慢打开过滤器下游球阀,再缓慢打开上游球阀,以防过滤器上、

下游球阀打开过快,对过滤器滤芯造成瞬间压力冲击而损坏,正常工作状态下过滤器滤芯工作周期最长为一年。

⑤ 投用流量计时,应先打开旁路阀门,再缓慢打开流量计上、下游阀门,然后缓慢关闭流量计旁路阀门,以防阀门打开过快对流量计浮子造成冲击出现卡滞。

⑥ 每天至少对密封系统装置进行两次巡回检查,重点检查用于干气密封系统的压缩机出口气、氮气、压力是否稳定并符合要求,过滤器是否堵塞,转子流量计指示值是否稳定,差压变送器指示值是否超限报警等。

⑦ 定期打开阀门查看有无油污排出,防止其对密封系统造成污染。

6.7.4 润滑油系统的投用

① 清洗泵入口过滤器、双联过滤器安装到位。

② 油箱加入 N46 汽轮机油,直至液位达规定要求,并用油箱电加热器控制油温在 45℃左右。

③ 打开润滑油泵出、入口阀,关闭高位油箱的三阀组中的截止阀,关闭润滑油和调节油蓄能器充油阀。

④ 检查蓄能器皮囊压力,若不到规定压力则使用充压装置充压(调节油蓄能器皮囊压力应在约 0.18MPa)。

⑤ 打开调节油调节阀前、后截止阀,关闭旁通阀。

⑥ 打开一组油冷器和滤油器的前、后阀门。

⑦ 打开润滑油调节阀前、后截止阀,关闭旁通阀。

⑧ 油泵盘车确认其灵活无卡涩,启动油泵电机。

⑨ 打开油冷器间的充油连通阀,两个油冷器返回油箱阀待回油视镜见油后关闭,投用一个油冷器,投用时注意观察切换阀是否内漏。

⑩ 打开润滑油过滤器的充油连通阀,两个过滤器返回油箱阀待回油视镜见油后关闭,投用一个过滤器,投用时注意观察切换阀是否内漏。

⑪ 稍开去高位油箱的截止阀,直到溢流管线上的回油视镜有油通过为止,然后迅速关闭截止阀。

注意:向高位油箱充油时,操作人员不能远离现场,防止高位油箱顶冒油。

⑫ 打开蓄能器充油。

⑬ 检查整个油路温度是否已在 45℃左右,若已达到,停油箱蒸汽加热器,启用油冷却器,控制油温在 45℃±10℃。

⑭ 检查下列油压是否在合适的范围之内:油泵出口至油过滤器管路上油压合适范围为 1.2～1.5MPa(G);润滑油总管油压合适范围约为 0.25MPa(G);调节油压力合适范围约为 1.0MPa(G);润滑油过滤器压差合适范围<0.15MPa(G)。

⑮ 机组各轴承进油压力应在下列范围之内:到压缩机支撑轴承油压约为 0.15MPa(G);到压缩机止推轴承油压约为 0.15MPa(G);到透平支撑轴承油压约为 0.1～0.12MPa(G)。

注意:以上数值在轴承排油和进油温度差>20℃时取大值。

⑯ 通过各轴承回油视窗检查回油是否正常，检查油过滤器压差，若大于 0.15MPa 时切换过滤器并清洗；机组跑油，定时联系化验人员，采样分析润滑油油质直至合格。

注意：首次开车或机组大修后跑油应在各轴承进油点加装过滤网。

6.7.5　工艺系统的准备与投用

① 检查、清洗入口过滤器。
② 压缩机机体排凝，然后关闭排凝阀。
③ 试验压缩机出、入口阀后关闭压缩机出、入口阀门。
④ 稍开置换氮气入口阀，慢慢引入机体内，当压力达到 0.3MPa（G）后，关闭氮气入口阀。
⑤ 打开出口放空（放火炬）阀，将气体放尽。
⑥ 重复以上置换 2～3 次，直到含氧量符合要求。
⑦ 打开压缩机出、入口闸阀。
⑧ 检查重整循环氢压缩机入口分液罐（D201）液位情况，排尽液体。

6.7.6　主动力蒸汽系统投用

① 保证速关阀全关。
② 缓慢打开主蒸汽（3.5MPa）进汽管线上第一道隔离阀，将蒸汽引至第二道隔离阀前进行暖管，用放空阀和排凝阀来控制暖管升温速度，为 5～10℃/min。
③ 待 3.5MPa 蒸汽变成过热蒸汽（360℃以上）后，可打开第二道隔离阀，将蒸汽引到速关阀前疏水、暖管。暖管、引蒸汽时注意尽量避免造成管线水击。
④ 打开汽轮机轮室、速关阀、平衡管等疏水阀排凝。
⑤ 慢慢打开去轴封蒸汽管线，操作汽封器，直到轴封冒汽管中有微量的蒸汽逸出为止。
⑥ 启动盘车器，进入"开车条件"画面，投用液压盘车（盘车确认开关打至允许盘车位置），确保无卡涩及异常声音。

注意：汽轮机轴汽封投用后，机组要每隔 5min 盘车一次，每次须准确转动 180°。停止盘车到转子冲转的时间间隔应不超过 5min。

⑦ 确认汽轮机蒸汽入口温度在 390℃以上。
⑧ 联系机电、仪表工到现场，通知调度、班长准备开机。

6.7.7　开机运行

① 向调度汇报。
② 确认压缩机出、入口阀打开，全开防喘阀。确认各项准备工作完成，工艺流程打通。
③ 停用液压盘车（盘车确认开关打至停止盘车位置），将盘车电机按钮打至"锁停"位置。
④ 进入"机组联锁"画面，确认无联锁信号，所有信号灯变为"绿"色，按"系统复位"按钮，则速关电磁阀带电。
⑤ 顺时针旋转速关油换向阀关闭速关油换向阀，切断速关油路，顺时针旋转启动油换

向阀打开启动油换向阀立启动油，同时建立开关油使危急保安装置手柄向上复位（危急保安装置手柄也可用手动复位）；待启动油压稳定，且启动油压约＞0.65MPa 后，逆时针旋转速关油换向阀打开速关油换向阀，建立速关油；待速关油压约＞0.65MPa 时，逆时针旋转启动油换向阀关闭启动油换向阀，启动油压缓慢回零，速关阀逐渐至全开。

⑥ 查看"开车条件"画面，如果所有信号灯变为"绿"色，则允许开机条件满足，机组允许启动。进入"调速"画面按"启动"按钮启动汽轮机。

⑦ 转速控制器自动将转速调至 1000r/min，汽轮机开始低速暖机。

⑧ 30～50min 后（首次开机时间可稍长一点），按升速键（或直接输入转速设定值）将转速设定值升至最低调节转速（过一阶临界转速区）4500r/min 运行 10～30min，按工艺要求的循环氢量升降转速。在可调转速范围内，也可以由循环氢流量对转速进行串级控制。

⑨ 在升速过程中，如出现意外，按中控室辅操台上紧急停机按钮、现场紧急停机按钮、手打危急遮断器手柄、紧急停机手柄来实现紧急停机。

⑩ 检查润滑油系统压力、温度，并调整至正常值。

⑪ 检查润滑油供油总管温度，适当调整油冷器的冷却水量。

注意：是否投用循环氢流量串级控制转速，必须经设备专业工程师批准，绝不允许随意进行。

6.7.8 停机运行

6.7.8.1 正常停机

① 通知调度、车间领导等有关人员，做好停机准备。

② 停机前先降低机体压力，将干气密封的气封气切换成氮气，控制好气封气压力。

③ 降低转速，按现场仪表盘停机按钮。

④ 记录惰走时间，看其是否正常。

⑤ 机组完全停机后，打开排凝阀后关闭，用氮气置换压缩机内循环氢，停一次气封气。

⑥ 关入口主蒸汽阀。

⑦ 停供汽封蒸汽，关主蒸汽入口第一道隔离阀。

⑧ 打开机组所有排凝阀。

⑨ 机组完全停机后盘车，1h 内每 5min 盘车一次。以后 8h 每 30min 盘车一次。待汽轮机机体温度低于 100℃时可停止盘车。

⑩ 待各轴承回油温度＜40℃后，可停运润滑油系统，但盘车时需要开润滑油。

⑪ 润滑油系统停运后，干气密封系统二次密封气停用，隔离气也可以停用。

⑫ 停机期间主机和辅机每班盘车一次，每次 180°。

⑬ 冬季做好防冻、防凝工作。

6.7.8.2 紧急停机

① 遇以下情况之一，机组自动紧急停机。

a. 压缩机轴位移≥0.7mm。

b. 压缩机轴振动≥88.9μm。

c. 润滑油总管压力≤0.1MPa（A）（三取二）。

d. 压缩机轴瓦温度≥115℃。

e. 汽轮机轴位移≥0.6mm。

f. 汽轮机轴振动≥100μm。

g. 汽轮机轴瓦温度≥110℃。

h. 汽轮机排汽压力≤0.85MPa（A）。

i. 汽轮机转速（电子超速跳闸）≥7568r/min（三取二）。

j. 汽轮机转速（机械超速跳闸）≥7638~7779r/min。

k. 干气密封放火炬压力≥0.87MPa。

l. 汽轮机转速≤500r/min且汽轮机调速器开度≥30%。

② 手动紧急停机。

如有下列情形，经车间领导同意，可手动紧急停机。

a. 自动联锁停机未实现时。

b. 压缩机喘振而无法消除时。

c. 机组剧烈振动，并有金属碰撞声。

d. 辅助设备失灵，以致汽轮机无法继续运行。

e. 机组任一轴承断油、冒烟或温度突然升高。

f. 高报警位以上时。

g. 油箱液位急剧下降，无法补油时。

h. 工艺系统紧急停车或工艺要求紧急停机情况下。

实现手动紧急停机操作如下：

a. 紧急停机时按面板上紧急停机按钮。

b. 按现场操作柜紧急停机按钮。

c. 关闭速关阀组件上的手动停机阀。

d. 通过手打危急保安装置手柄来实现。

e. 关闭压缩机出、入口阀，其他步骤与正常停机步骤相同。

f. 机组跳机后，经检查无问题的可以立即开车，在热态情况下不需暖机，直接升速至额定转速（但在启动前需将干气密封气切换成氮气）；机组跳机后，经检查不能开机的则按正常停机处理。

③ 停机处理。

a. 机组完全静止后投用盘车装置盘车。

b. 关闭主蒸汽隔离阀。

c. 关闭压缩机出、入口阀，打开排凝阀后关闭，用 N_2 置换压缩机。

d. 待各轴承回油温度＜40℃后，停运润滑油系统。

e. 停用干气密封隔离气和一、二级密封气。

f. 停机期间压缩机和润滑油泵每白班盘车一次，采取180°对称盘车。

注意：干气密封系统停止必须后于润滑油系统。主机盘车前须先投用干气密封系统，然后再启动润滑油系统。

6.7.9 正常维护

6.7.9.1 检查与记录

① 认真执行岗位责任制,严格遵守运行规程和特护设备管理制度,确保机组的各项工艺、运行指标,并做好记录,做好本机组的设备规格化。

② 检查记录机组振动、位移、温度、转速、流量等参数。

③ 检查干气密封系统一次密封气与参考平衡管间的压差、一次泄漏放火炬气的流量、压力,二次密封气进气流量、隔离 N_2 的压力等。

④ 在机组运行中经常听测机体各部振动和声音情况,如发现有磨刮声、振动加剧或轴承温度突然升高时应立即汇报调度、维护单位、设备管理人员,找出故障原因并进行排除,否则申请停机处理。

⑤ 检查干气密封过滤器等的液位,定期进行脱液,要严格控制密封气带液。

⑥ 检查润滑油箱液位,液位接近低报警位之前,添加润滑油至正常液位,每天白班低点脱水一次,定期检查、化验油质,若有问题应立即更换。

6.7.9.2 润滑油泵切换步骤

① 外操检查备用泵。

② 内操将润滑油总管低油压联锁临时摘除。

③ 内操通知外操可以进行切换运行。

④ 外操将备用泵开关从自动扳至手动,与内操联系后启动备用泵。

⑤ 外操与内操时刻保持联系,备用泵启动后,内、外操观察润滑油油压,当润滑油油压出现上升趋势后,立即停原运行泵,并立即将原运行泵投至自动位置。

⑥ 备用泵运行正常后,取消润滑油总管低油压联锁临时摘除。

6.7.9.3 备用泵自启动后的处理

① 外操迅速到现场检查情况。

② 内操将润滑油总管低油压联锁临时摘除。

③ 将备用泵迅速停下后打至"自动"位置,如果备用泵不再启动,这说明运行泵无故障,可继续为主泵,并请仪表工检查辅油泵自启动原因,否则按正常切换步骤实施油泵切换,将原运行泵停电,交付检修。

④ 取消润滑油总管低油压联锁临时摘除。

6.7.9.4 润滑油过滤器的切换

① 切换前先对备用过滤器进行全面检查(法兰、阀、排凝等)。

② 关闭排凝阀,打开排气阀。

③ 缓慢打开充油阀,以小流量充油,观察排气阀视镜。

④ 当视镜内有油溢流时,关排气阀(已充满油)。

⑤ 缓慢地将切换杆扳至备用过滤器,注意油压变化及阀到位情况。

⑥ 关闭充油阀,缓慢将停运过滤器排油,并观察油压,交付检修。

注意:充油、切换一定要缓慢。切换时阀一定要到位,禁止不到位或过量。随时观察总管油压变化。

6.7.9.5 润滑油冷油器的切换

① 切换前先对备用冷油器进行全面检查（法兰、阀、排凝等）。

② 关闭排凝阀，打开排气阀。备用冷油器的冷却水阀开度与在用冷油器冷却水阀开度一致。

③ 缓慢打开充油阀，以小流量充油，观察排气情况。

④ 当排气有油溢流时，关排气阀（已充满油）。

⑤ 缓慢地将切换杆扳至备用冷油器，注意油压变化及阀到位情况，关闭充油阀。

⑥ 观察冷油器冷后温度，及时调整冷油器水阀的开度。

注意：充油、切换一定要缓慢。切换时阀一定要到位，禁止不到位或过量。随时观察总管油压变化。

6.7.10 机组故障原因及处理

6.7.10.1 振动

启动时看到强烈振动，须停止增速，检查原因。如果振动不是误操作（如预热未充分），应联系检修人员检查。正常运行时突然出现振动，应减轻负荷，降速或停机。如果属喘振，先开大反飞动，无效时再停机。如果振幅逐渐增大，必须改变工作状况，进行振动频谱检查，并按下表分析处理。

故障原因	检查部位	处理方法
探测系统失灵	探测位置各个仪表	联系仪表工检查和更换有缺陷的仪表
预热不充足	机壳振动、轴振动	①频谱分析； ②速度降至300~500r/min,并继续预热
同心度不对	联轴节、基础管线	①检查各部分温度并与同心度图表数据比较； ②停机，进行预热检查； ③冷却，找同心； ④检查基础是否变形； ⑤检查由于热膨胀引起的管道移动
驱动装置引起的振动	驱动装置的振动	①检查振动来源； ②单独启动汽轮机运转再进一步确定
调速器主动轴损坏	调速器主动轴	①检查异常声音是否在调速器侧底部； ②停机，彻底检修底部； ③检查传动齿轮和各轴承的磨损和啮合间隙等； ④检查主动轴同心度； ⑤检查是否有必要更换零件
轴承损坏	轴承	①停机； ②如果轴承损坏较重,要检查轴承和设备内件
由于蒸汽或气体夹带杂质微粒造成内件损坏	设备内件	①停机； ②彻底检查
由于叶片故障而不平衡	转子	①停机； ②更换转子
联轴罩损坏	联轴器	①停机； ②检查齿轮齿合器的磨损和损坏情况、孔的内径等
转子不平衡	转子	①停机； ②检查转子不平衡情况,并重新找到平衡
其他振动		将分析数据和记录与有关单位联系

6.7.10.2 异常声响

低速运行，进行仔细检查。增速后通常掺入转动声和蒸汽进入噪声，则难以发现声源，另外小的振动常常带有异常响声，应仔细找出真正原因。

故障原因	检查部位	处理方法
转子和迷宫密封接触	壳体、轴承底座	①低速运行时,用听针检查; ②用最低速度转动设备或者盘车,以校正转子的偏摆度; ③若声音依然存在,应停机彻底检修
叶片和喷嘴接触	壳体	①停机检查止推轴承间隙; ②检查转子和定子间隙,彻底检修壳体
调速器主动轴损坏	调速器主动轴	①检查调速器振动情况; ②停机,彻底检修调速器侧底座,并检查齿轮的磨损和啮合间隙及主动轴的同心度
调速器内件损坏	调速器	检查调速器里的异常声音
内装管子与旋转件接触	调速器侧底座联轴器罩	检查内部管子的固定和支承情况
杂质微粒或固定螺钉松动等	壳体、主汽门调速器阀	①找出异常声音的位置; ②如果声音不是连续不断并且被证实为杂质微粒则应停机,检查内件

6.7.10.3 轴承温度升高

由于轴承合金（轴瓦）损坏，润滑油量减少，润滑油压太低，润滑油供油温度太高，转子振动严重，侧向压力异常等都会使轴承温度升高。如果温度突然升高，排油温度超过85℃，合金温度超过120℃，应停机并检查轴承。

故障内容	检查部位	处理方法
温度计失灵	温度计	①检查和校准仪表; ②与其他轴承相比较
仪表和控制器错误	热电偶和记录仪表指示器	①检查热电偶和热电偶套管的插入情况; ②检查止推轴承油控制杆的长度,并把它放松
供油温度太高	冷油油箱	①检查冷却水压力和流量; ②切换到备用冷油器; ③检查油箱油位
润滑油流量减少	润滑油	①检查油的质量,如黏度、泡沫和含水量; ②检查油箱油位
润滑油压力低、流量少	润滑系统	①检查油压表,并确认指示正确; ②检查润滑油泵; ③检查过滤器压差并切换到备用滤油器; ④检查油箱油位; ⑤检查润滑系统或密封系统漏油情况和阀门的开度
轴承合金损坏	轴承	①轴承损坏,应停机更换轴承; ②清洗轴承腔内部,并检查损坏情况,更换备件; ③调查故障原因: a. 润滑系统或密封系统故障; b. 夹有杂质微粒; c. 合金(轴瓦)磨损; d. 轴承装配不当; e. 排放物被带进汽轮机壳体; f. 负荷突然改变; g. 压缩机喘振; h. 联轴器上摩擦增大; i. 强烈振动

续表

故障内容	检查部位	处理方法
由于强烈振动轴承承受的压强增大	振动监测器	调查振动原因
负荷改变	压缩机和汽轮机流量计	尽量缓慢改变负荷

6.7.10.4 轴承温度波动

如外部影响因素已排除，温度波动仍持续存在，停下设备检查轴承。

故障原因	检查部位	处理方法
温度计失灵	温度计	①检查温度计；②与其他仪表相比较
温度计安装错误	温度计	检查温度计安装
蒸汽推力改变	负荷	把负荷波动减到最小程度
润滑油供油温度波动	冷却水压力表、润滑油压力表、润滑油流量计、冷油器	①调整油温；②冷油器排气
通向温度计的注油孔太小	轴承	加大油孔尺寸
轴承装配不当	轴承	彻底检修，重新装配
轴承存在空气	轴承	增加排气孔
润滑油带泡沫	润滑油	①更换润滑油；②检查油箱的油位
轴承受压强度不够	轴承	修改轴承设计
齿轮联轴器齿轮位移	齿轮联轴器	在齿轮齿口上加上二硫化钼润滑剂

6.7.10.5 调速器调节机构发生故障原因及处理

调速系统不能调节或发生波动，应查清原因，采取措施，若危及安全运转，可先停机后检查处理。

故障原因	检查部位	处理方法
信号空气管线泄漏或堵塞	信号空气管线	①检查空气设备；②检查信号空气的气压及其对应速度；③找出管线泄漏或堵塞部位
连接系统的摩擦	连杆的连接件	①检查连接点的硬接触；②检查连杆端轴承的防松螺母紧固度，如松动应锁紧；③检查各个部分润滑情况；④检查轴承，给连接轴加润滑脂
调速阀心轴损坏	调速阀	①检查阀门开启高度和相应的蒸汽流量；②如果流量达不到开启高度相应要求，须停机彻底检修
活塞表面粘住	调速阀的油罐、调速阀的导向阀	①停机检修各个部位；②如有粘住的迹象或者有杂质微粒存在，应清除；③检查有无油渣形成
调速器内部有油泥形成	调速器	①停机检修；②检查调速滑部件；③调速器约6个月换油一次，视情况定
零件松动而振动	调速器	①停机检修；②按调速器说明检修重装；③必要时更换备用调速器

注：上述振动、异常响声、轴承温度、轴承温度波动，同样适用于压缩机相应的部位。

6.7.10.6 润滑油泵

故障内容及可能原因如下：

故障内容	可能原因
泵无液体排出	①启动时泵内无油； ②转速太低； ③叶轮、配管塞堵； ④旋转方向错误； ⑤吸入管漏入空气
液体排量不足	①转速太低； ②扬程高于额定值； ③吸入高度太小； ④轮或配管部分堵塞； ⑤叶轮损坏或磨损； ⑥叶轮与口环之间间隙太大
功率消耗过大	①转速太高； ②扬程太低，流量太大； ③液体相对密度或黏度太高
由于机械故障使动力消耗过大	①轴弯曲； ②转动元件卡住； ③安装不正确，泵中心偏； ④轴承太紧或装配不当
泵产生杂音	①气蚀； ②中心偏移； ③固体颗粒堵在叶轮上； ④基础安装不当； ⑤轴弯曲； ⑥轴承磨损； ⑦转动部件卡住
轴承使用寿命短	①泵组中心偏移； ②基础安装不适当； ③轴弯曲； ④转动部件相抵触
轴封填料寿命短	①轴封填料太紧； ②轴封填料安装不正确； ③中心偏移； ④轴弯曲； ⑤轴承损坏； ⑥液体含有异物、灰尘、黏土等

故障原因和措施如下：

故障内容	现象	原因	措施
泵不转动	转动不好	①安装不正确，异物卡住； ②装配不正确	重新调整泵和电机，去除杂物，清洗泵内部，重新装配泵
	运转时突然停止	①泵内异物卡住； ②晃电	修补小缺陷或替换损坏部件
泵压力不足	泵不出油	①泵反转； ②吸入阀关闭； ③吸入空气； ④液体黏度太大	①通知电工将电机接线改装； ②打开吸入阀； ③堵漏； ④改用黏度合适的液体

续表

故障内容	现象	原因	措施
泵压力不足	泵出口油压低	①油从旁路流走; ②气蚀; ③泵的内泄漏增加	①重新调节安全阀和压力调节阀,检查油是否从其他部件泄漏; ②如果液体黏度太大应改用适当黏度的液体,如果吸入空气,应修补漏气部位
	泵振动发出噪声	①电动机超载联轴器找正不好; ②异物堵塞; ③气蚀	①测量各部件尺寸,如果磨损超极限,应更换; ②检查电机电流表是否超载,检查联轴器是否正确对中,检查它是否磨损不正常
	压力波动	①气蚀; ②气阻	①检查配管; ②增加放气口,检查压力波动是否是其他部件影响
	密封不严密	①密封装配不适当; ②密封件过分磨损	①拆开重装; ②用新密封件更换

6.7.10.7 干气密封

故障内容	可能的原因	排除方法
过滤器堵塞报警	过滤器 F1、F2 前后压差>40kPa 时高报警	打开备用过滤器上、下游的切断阀门,关闭已堵过滤器上、下游切断阀门,通过过滤器下面的排放阀泄压后更换滤芯
一级密封气流量低报	一级密封气流量低于 17Nm³/h 时报警	检查一级密封气供气压力是否偏低
一级密封气与平衡管压力差低报	主密封气与压缩机平衡管之间压差低于 0.1MPa 时低限报警	检查一级密封气供气压力是否偏低
放火炬流量、压力报警	一级放火炬流量高于 19Nm³/h 时高报,低于 4Nm³/h 时低报	高报时说明一级密封有问题,如一级密封泄漏量继续增加,导致压力开关 PS3005、PS3006 任一高报,则联锁停车,低报时如相应的二级密封气进气流量正常,则二级密封有问题;放火炬流量长期高报、低报时建议停车检查密封系统

6.8 重整氢增压机（ST112-K-202）

ST112-K-202 为重整装置关键设备,主要作用是将重整反应所副产的氢气增压至 2.3MPa（A）后向系统输送,为重整预加氢等装置提供氢源。该机组型号为 VSMC608＋VSMC609 离心增压机组。该机组由沈阳斯特透平机械有限公司制造的 VSMC608＋VSMC609 两缸离心压缩机和杭州中能汽轮机有限公司制造的 HS33022 汽轮机组成,压缩机与汽轮机由膜片联轴器连接（无锡创明）,安装在同一底座上,整个机组采用润滑油站供油,压缩机的轴端密封采用四川日机密封股份有限公司干气密封,干气密封的控制系统也由四川日机密封股份有限公司提供。机组布置为双层,主机布置在压缩机厂房二层,油站位于一层。

6.8.1 开机前的检查和要求

① 检查工作介质和辅助电源是否可用。

② 联系调度等外联单位,引仪表风、蒸汽、电、循环水、N_2 等进装置,且各项指标须合格（仪表风不得使用正常的压缩空气,如果必要,使用氮气）。

③ 检查机组所有管线、阀门及机体连接有无泄漏。确认压缩机和连接管网应是干净的（没有水、油和固体物质）。打开壳体放泄口进行放泄后再关上。

④ 盘车检查所有运动部件是否自如（包括转子、联轴器的轴向位移值）。

⑤ 检查油加热设备是否准备好工作。

⑥ 预先清理油过滤器，不允许使用脏污的油过滤器元件。

⑦ 检查油冷却器和油过滤器切换管件是否在正确的位置上。

⑧ 检查油压平衡阀是否准备好操作。

⑨ 确保外部气体干净、干燥。确保管线系统已被吹扫（N_2）。

⑩ 现场环境整洁，符合开机条件。

⑪ 准备好开车工具，全面检查系统内的设备、管线、阀门连接是否正确可靠，检查阀门开关是否灵活。

⑫ 检查管线阀门、排凝点的通畅情况和开关状态。

⑬ 打开系统上各压力开关、压力表、压力变送器、液位计及所有通向仪表的阀门。

⑭ 联系仪表、电气、检查自控等监测系统，确保灵敏可靠。仪表齐全并检验合格。

⑮ 照明及消防器材齐全。机组保温完好。通知厂内所有有关部门启动一事。各相关部门有关人员到现场。

6.8.2 干气密封系统的投用

① 干气密封系统与机组间的连接管线敷设完成后应拆下酸洗并用蒸汽吹扫干净。管线复位后密封安装前用经过滤的干净气体继续吹扫输气工艺管道，一级密封气管路清洁度为 $1\mu m$，可用洁净的白布在出气口检查，气体流速应不低于 20m/s，5min 内无明显污物为合格。吹扫干净后关闭所有阀门，处于待命状态。

② 投用现场压力表、变送器等。

③ 投用隔离气。

a. 低压缸。油运前开阀 V32、V33（或 V34、V35）、V36、V37 以及孔板组件 RO3801、RO3802 上下游的切断阀，投入后置隔离密封气。观察，压力表 PI3804 的读数应在 0.6MPa，压力变送器 PIT3804 的读数应在 0.4MPa，否则调整自励式减压阀 PCV3801 阀杆使其阀后压力为 0.4MPa 左右。

b. 中压缸。油运前开阀 V32、V33（或 V34、V35）、V36、V37 以及孔板组件 RO3701、RO3702 上下游的切断阀，投入后置隔离密封气。观察，压力表 PI3704 的读数应在 0.6MPa，压力变送器 PIT3704 的读数应在 0.4MPa，否则调整自励式减压阀 PCV3701 阀杆使其阀后压力为 0.4MPa 左右。

c. 高压缸。油运前开阀 V32、V33（或 V34、V35）、V36、V37 以及孔板组件 RO3601、RO3602 上下游的切断阀，投入后置隔离密封气。观察，压力表 PI3604 的读数应在 0.6MPa，压力变送器 PIT3604 的读数应在 0.4MPa，否则调整自励式减压阀 PCV3601 阀杆使其阀后压力为 0.4MPa 左右。

注意：在正常运行中不可中断后置隔离气，压缩机停车后，后置隔离气必须在润滑油停止供给 10min 之后停止。

④ 投用一级密封气。

a. 低压缸。机内进气前开阀 V1、V2、V7、V8（或 V9、V10）、V11、V12、V14、V15，投入中压氮气作为一级密封气源；中控室设定系统盘差压变送器 PDIT3802 的设定值为 0.2MPa，现场缓慢打开流量计 FIT3801、FIT3802 下游节流阀 V16、V17 使流量计 FIT3801、FIT3802 指示在 50Nm^3/h（实际氮气消耗量为单端 34Nm^3/h）。

b. 中压缸。机内进气前开阀 V1、V2、V7、V8（或 V9、V10）、V11、V12、V14、V15，投入中压氮气作为一级密封气源；中控室设定系统盘差压变送器 PDIT3702 的设定值为 0.3MPa，现场缓慢打开流量计 FIT3701、FIT3702 下游节流阀 V16、V17 使流量计 FIT3701、FIT3702 指示在 62Nm^3/h（实际氮气消耗量为单端 34Nm^3/h）。

c. 高压缸。机内进气前开阀 V1、V2、V7、V8（或 V9、V10）、V11、V12、V14、V15，投入中压氮气作为一级密封气源；中控室设定系统盘差压变送器 PDIT3602 的设定值为 0.3MPa，现场缓慢打开流量计 FIT3601、FIT3602 下游节流阀 V16、V17 使流量计 FIT3601、FIT3602 指示在 89Nm^3/h（实际氮气消耗量为单端 34Nm^3/h）。

⑤ 投用火炬线。

投用一级密封气后，分别打开高、中、低压缸干气密封的阀 V20、V21、V24、V25，投用干气密封系统一级排放管线（放火炬管线）。

⑥ 投用二级密封气。

a. 低压缸。打开阀门 V39、V40，调节阀门 V41、V42，使流量计 FI3803、FI3804 指示在 10Nm^3/h 左右。压力变送器 PIT3804 的显示值应在 0.4MPa，否则调整自励式减压阀 PCV-3801 阀杆使其阀后压力为 0.4MPa。

b. 中压缸。打开阀门 V39、V40，调节阀门 V41、V42，使流量计 FI3703、FI3704 指示在 10Nm^3/h 左右。压力变送器 PIT3704 的显示值应在 0.4MPa，否则调整自励式减压阀 PCV3701 阀杆使其阀后压力为 0.4MPa。

c. 高压缸。打开阀门 V39、V40，调节阀门 V41、V42，使流量计 FI3603、FI3604 指示在 10Nm^3/h 左右。压力变送器 PIT3604 的显示值应在 0.4MPa，否则调整自励式减压阀 PCV3601 阀杆使其阀后压力为 0.4MPa。

注：当机组出口气源压力低致使 PDIT3802（PDIT3702、PDIT3602）低报时，电磁阀 SV3801（SV3701、SV3601）断电，开关阀 XV3801（XV3701、XV3601）打开，投用 3.0MPa 中压氮气气源。机组出口气恢复正常后，手动复位，使电磁阀 SV3801（SV3701、SV3601）通电，使 XV3801（XV3701、XV3601）关闭，3.0MPa（G）中压氮气气源停用。

注意：机组进气前必须先投入一级密封气，一级密封气压力必须高于系统高低压端放火炬管线压力 0.1MPa 以上，否则一级密封上下游可能会形成负压差，启动后会损坏密封系统。

⑦ 投用干气密封系统的注意事项。

a. 润滑油投用前至少 10min，必须先通后置隔离气，且在正常运行中不可中断；压缩机停车后，后置隔离气必须在润滑油停止供给且回油管路无油流动至少 10min 后才可关闭。

b. 机组进气前，为防止机内气体窜出污染密封系统必须首先投入一级密封气，并保持一级密封气流量正常。

c. 流量计前、后切断阀必须缓慢开启，防止浮子受带压气流冲击而卡住。

d. 过滤器前、后切断阀必须缓慢开启，防止滤芯受带压气流冲击而损坏。

e. 每天应巡检过滤器两次，当发现指示器上出现红色区域时应切换到备用过滤器，同时更换已堵过滤器滤芯，使之处于备用状态。过滤器滤芯最长工作时间为1年。

f. 每月检查各导凝点，缓慢泄放凝液，泄放干净后关闭并记录。

6.8.3 润滑油系统的投用

① 清洗泵入口过滤器、双联过滤器，并安装到位。

② 油箱加入N46汽轮机油，直至液位达规定要求（正常运行时，油箱液位为60%），并用油箱电加热器控制油温在45℃左右。油箱底部切水。

③ 打开润滑油泵出、入口阀。关闭高位油箱的三阀组中的截止阀，关闭润滑油及调节油蓄能器充油阀。

④ 检查蓄能器皮囊压力，若不到规定压力则使用充压装置充压（润滑油蓄能器皮囊压力应在0.2MPa左右，调节油蓄能器皮囊压力应在0.6MPa左右）。

⑤ 打开调节油调节阀PCV3201前、后截止阀，关闭旁通阀。

⑥ 打开润滑油调节阀PCV3202前、后截止阀，关闭旁通阀。

⑦ 油泵盘车确认其灵活无卡涩，启动油泵电机。

⑧ 打开两组冷油器循环水进、出口阀。

⑨ 打开两组冷油器间充油连通阀，两个冷油器返回油箱阀待回油视镜见油后关闭，投用一个油冷器。

⑩ 打开两组润滑油过滤器间充油连通阀，两个过滤器返回油箱阀待回油视镜见油后关闭，投用一个过滤器。

注意：在切换冷油器和过滤器时，要保持润滑油系统压力平稳。

⑪ 稍开去高位油箱的截止阀，直到溢流管线上的回油视镜有油通过为止，然后迅速关闭截止阀。

注意：向高位油箱充油时，操作人员不能远离现场，防止高位油箱顶冒油。

⑫ 打开蓄能器充油。

⑬ 检查整个油路温度是否已在45℃左右，若已达到，停油箱蒸汽加热器，启用油冷却器，控制油温在45℃±10℃。

⑭ 检查下列油压是否在合适的范围之内。

a. 油泵出口至油过滤器管路上油压正常范围：1.0～1.3MPa（G）。

b. 润滑油总管油压（PI3211）正常约为0.25MPa（G）。

c. 调节油压力（PI3459）正常约为0.85MPa（G）。

d. 润滑油过滤器压差（PDIA3201）正常应<0.15MPa（G）。

e. 机组各轴承进油压力：

（a）到支撑轴承油压（PI3221、3222、3224、3225、3226、3227）正常范围：0.09～0.13MPa（G）。

（b）到止推轴承油压（PI3220、3223、3228）正常范围：0.025～0.13MPa（G）。

注意：以上数值在轴承排油和进油温度差＞20℃时取大值。

通过各轴承回油视窗检查回油是否正常，检查油过滤器压差，若大于0.15MPa时切换过滤器并清洗。

注意：①机组润滑油应定时联系化验人员采样分析润滑油油质。
②首次开车前或机组大修后跑油应在各轴承进油点加装过滤网。

6.8.4　工艺系统准备和投用

① 投用前应试验压缩机出、入口阀，防喘振阀是否灵活好用。
② 压缩机机体排凝，然后关闭排凝阀。
③ 检查、清洗入口过滤器。
④ 压缩机氮气置换、气密检验为合格。
⑤ 再用氢气置换。确认机组出、入口压力平衡，系统无泄压，反应系统气密即置换合格。
⑥ 打开压缩机出、入口闸阀，全开防喘振阀。

注意：严格防止转子倒转，损坏干气密封系统。

6.8.5　主动力蒸汽系统的投用

① 保证速关阀全关。
② 缓慢打开主蒸汽（1.0MPa）进汽管线上第一道隔离阀，将蒸汽引至第二道隔离阀前进行暖管，用放空阀和排凝阀来控制暖管升温速度至5~10℃/min。
③ 待1.0MPa蒸汽变成过热蒸汽（250℃以上）后，可打开第二道隔离阀，将蒸汽引到速关阀前疏水、暖管。暖管、引蒸汽时注意尽量避免造成管子水击。
④ 打开速关阀、汽轮机轮室、平衡管等疏水阀排凝。
⑤ 启动盘车器进行盘车，检查机组转动有无异常情况。

6.8.6　凝结水系统的投用

① 打开凝汽系统的压力表、温度计、液位计等仪表的切断阀。
② 检查系统管线上各阀门的开关情况。
③ 打开凝结水去热井补水阀，热井补水至60%~75%液位。关闭补水阀。
④ 关闭凝结水线调节阀LV6221的下游阀，打开就地放空阀，手动控制调节阀LV6221及LV6222，保持热井液位。
⑤ 检查凝结水泵是否满足运行条件，打开入口阀及泵体平衡线阀门。
⑥ 试运行凝结水泵A，检查空负荷时运转情况，电流应正常，泵和电机无超常振动和异常，轴承和轴封应正常。全开出口阀，停运。

注意：若泵启动时出现抽空现象，可打开入口软化水补充阀补水，待运行正常后关闭。

⑦ 按上述方法试验凝结水泵B，正常后，全开出口阀，停运。
⑧ 投用一台热井凝结水泵，另一台泵处于高液位自启状态。用控制阀LV6221和LV6222控制液位，并就地排放。

⑨ 慢慢打开去轴封蒸汽管线，操作汽封器，直到轴封冒汽管中有微量的蒸汽逸出为止。

⑩ 启动盘车油泵，进入"开车条件"画面，投用液压盘车（盘车确认开关打至允许盘车位置），检查有无卡涩及异常声音。

注意：汽轮机轴汽封投用后，机组要每隔 5min 盘车一次，每次须准确转动 180°。停止盘车到转子冲转的时间间隔应不超过 5min。

a. 打开去抽气器的蒸汽总阀，暖管 10min 左右（注意疏水）。

b. 先打开启动抽气器的进汽阀，检查抽气性能良好后，再打开抽气器与凝汽器之间的隔断阀。

c. 检查凝汽系统是否逐渐下降至要求的开车真空〔约 0.04MPa（A）〕〔正常应抽到 0.02MPa（A）左右〕。

d. 确认汽轮机蒸汽入口温度在 250℃ 以上。

e. 联系机电、仪表工到现场，通知调度、车间领导准备开机。

注意：此时盘车装置应处于禁止位置。

6.8.7 机组氮气置换

① 机组出、入口阀关闭，排凝阀关闭。

② 稍开置换氮气入口阀，慢慢引入机体内，当压力达到 0.24MPa（G）后，关闭氮气入口阀。

③ 打开出口放空（放火炬）阀，将气体放尽。

④ 重复以上置换 2~3 次，直到含氧量符合要求。

⑤ 一、二级间冷却器投用按冷却器正常投用步骤进行。

6.8.8 开机运行

① 向调度汇报。

② 打开压缩机出、入口阀，全开防喘振阀，确认各项准备工作完成、工艺流程打通。

③ 停用液压盘车（盘车确认开关打至停止盘车位置），将盘车电机按钮打至"锁停"位置。

④ 手打危急保安装置手柄，检查速关油压是否迅速回零，关闭速关阀。确认后恢复至原状。

⑤ 按现场操作盘上的紧急停机按钮，进行电磁阀跳闸试验。确认后恢复至原状。

⑥ 按联锁复位键，复位所有报警和停机信息。

⑦ 进入"机组联锁"画面，确认无联锁信号，所有信号灯变为"绿"色，按"系统复位"按钮，则速关电磁阀带电。

⑧ 顺时针旋转速关油换向阀关闭速关油换向阀（1847），切断速关油路，顺时针旋转启动油换向阀打开启动油换向阀（1846）建立启动油路，同时建立开关油路，使危急保安装置手柄向上复位（危急保安装置手柄也可用手动复位）；待启动油压稳定，且启动油压大于约 0.65MPa 后，逆时针旋转速关油换向阀打开速关油换向阀，建立速关油路；待速关油压大

于约 0.65MPa 时，逆时针旋转启动油换向阀关闭启动油换向阀，启动油压缓慢回零，速关阀逐渐至全开。

⑨ 查看"开车条件"画面，如果所有信号灯变为"绿"色，则允许开机条件满足，机组允许启动。

⑩ 进入"调速"画面按"启动"按钮启动汽轮机。全面检查机组各部运行情况及各参数值，并作相应记录。

⑪ 转速控制器自动将转速设定值升至 1000r/min，汽轮机开始低速暖机。

⑫ 30～50min 后（首次开机时间可稍长一点），按升速键（或直接输入转速设定值）将转速设定值升至最低调节转速（过一阶临界转速区）4500r/min 运行 10～30min。

⑬ 在升速过程中，如出现意外，按中控室辅操台上紧急停机按钮/现场紧急停机钮或手打危急保安器手柄/紧急停机手柄来实施紧急停机。

⑭ 透平运行情况正常后，关闭主蒸汽管道和透平本体上各排凝阀。

a. 检查无问题后投用防喘振控制系统。

b. 全面检查机组运行正常后，继续升速至工艺所要求的转速。

c. 在机组启动过程中，待汽轮机出口温度接近 60℃时，投用凝汽系统，控制汽轮机出口温度在 60℃以下，出口压力在 0.04MPa（A）以下。

d. 待机组运行正常，凝器汽内压力达到约 0.035MPa 时，将启动抽汽器切换到主抽气器：

（a）打开二级抽气器的进蒸汽阀。待抽气器压力下降后打开其抽气阀。

（b）打开一级抽气器的进蒸汽阀，再打开其真空侧抽气阀。

（c）慢慢关闭启动抽气器的抽气阀，检查系统真空度有无下降，如正常则可关闭启动抽气器的进汽阀。

（d）联系化验员化验凝结水，合格后停止放空，凝结水送系统。热井液位串级控制系统投自动。

（e）在压缩机正常后将一次密封气切换成增压机出口氢，切换时要缓慢平稳，先开增压机出口氢入口阀，再关氮气阀。

注意：在低速暖机时，由于负荷太低，焓降太小，排汽温度会较高（100℃左右），此时不宜太早开水冷，待负荷增加后，排汽温度会下降。

6.8.9 停机运行

6.8.9.1 正常停机

① 通知调度、班长等有关人员，做好停机准备。

② 进入"调速"画面，将转速降低至最小可调转速，降低机体压力，将干气密封的密封气切换成氮气，控制好密封气压力。

③ 按现场仪表盘停机按钮。

④ 记录惰走时间，看其是否正常。

⑤ 机组完全停机后，打开排凝阀排凝后关闭，用 N_2 置换压缩机内氢气，停一次密封气。

⑥ 关入口主蒸汽阀。

⑦ 凝汽系统停运。

⑧ 停抽气器，先关闭一级抽气器的真空侧抽气阀，关闭其进汽阀；再关闭二级抽气器的真空侧抽气阀，关闭其进汽阀。

a. 停运凝结水泵。

b. 关循环水阀。

c. 待系统真空度降至零时，停供汽封蒸汽，关主蒸汽入口第一道隔离阀。

（a）打开机组所有排凝阀。

（b）机组完全停机后盘车，1h 内每 5min 盘车一次。以后 8h 每 30min 盘车一次。待汽轮机机体温度低于 100℃ 时可停止盘车。或投用脉冲液压盘车。

（c）待各轴承回油温度 <40℃ 后，可停运润滑油系统。但盘车时需要开润滑油。

（d）润滑油系统停运后，干气密封系统二次密封气停用。隔离气也可以停用。

注意：停机期间主机和辅机每班盘车一次，每次 180°。冬季做好防冻、防凝工作。

6.8.9.2 紧急停机

遇以下情况之一，机组自动紧急停机。

① 润滑油总管压力〔MPa（G）〕LL≤0.12（三取二）。

② 压缩机高、中、低压缸轴承温度（℃）HH≥115。

③ 压缩机高、中低压缸轴振动（μm）HH≥89.9。

④ 压缩机高、中、低压缸轴位移（mm）HH≥0.7。

⑤ 汽轮机轴承温度（℃）HH≥105。

⑥ 汽轮机前轴承振动（μm）HH≥75。

⑦ 汽轮机后轴承振动（μm）HH≥75。

⑧ 汽轮机轴位移（mm）HH≥0.6。

⑨ 汽轮机转速（r/min）HH≥8578（三取二）。

⑩ 汽轮机排气压力〔MPa（A）〕HH≥0.07。

⑪ 高压缸高、低压端一级泄漏气压力〔MPa（G）〕HH≥0.3。

⑫ 中压缸高、低压端一级泄漏气压力〔MPa（G）〕HH≥0.3。

⑬ 低压缸高、低压端一级泄漏气压力〔MPa（G）〕HH≥0.087。

⑭ 汽轮机速关油压力〔MPa（G）〕LL≤0.65。

⑮ 汽轮机调节油压力〔MPa（G）〕LL≤0.65。

⑯ D202A 液位（三取二）。

⑰ D202B 液位（三取二）。

如有下列情形，经班长同意，请示车间领导同意，可手动紧急停机。

① 自动联锁停机未实现时。

② 压缩机喘振而无法消除。

③ 机组剧烈振动，并有金属碰撞声。

④ 辅助设备失灵，以致汽轮机无法继续运行。

⑤ 机组任一轴承断油、冒烟或突然升温至高报警位以上时。

⑥ 油箱液位急剧下降，无法补油时。
⑦ 工艺系统紧急停车或工艺要求紧急停机时。

实现紧急停机的操作如下：
① 按面板上紧急停机按钮。
② 按现场操作柜紧急停机按钮。
③ 关速关阀组件上的手动停机阀。
④ 手打危急保安装置手柄。

紧急停机具体操作如下：
关闭压缩机出、入口阀，其他步骤与正常停机步骤相同。

机组跳机后的处理步骤注意事项：
① 机组跳机后，经检查无问题的可以立即开车，在热态情况下不需暖机，直接升速至额定转速（但在启动前需将干气密封气切换成氮气）。
② 机组跳机后，经检查不能开机的则按正常停机处理。

6.8.9.3 停机处理

① 机组完全静止后投用盘车装置盘车。
② 关闭主蒸汽隔离阀。
③ 先关闭一级抽空器的真空侧抽气阀，关闭其进汽阀；再关闭二级抽空器的真空侧抽气阀，关闭其进汽阀。在系统真空度降至零后，才可中断蒸汽汽封。
④ 停凝结水泵，将汽轮机各疏水阀前排凝阀打开，对机体进行排凝。
⑤ 当汽轮机排气温度降到50℃以下，方可完全停凝汽器冷却水。
⑥ 关闭压缩机出、入口阀，打开排凝阀后关闭，用 N_2 置换压缩机。
⑦ 待各轴承回油温度小于40℃后，停运润滑油系统。
⑧ 停用干气密封隔离气和一、二级密封气。
⑨ 停机期间压缩机和润滑油泵每白班盘车一次，采取180°对称盘车。

注意：干气密封系统停止必须后于润滑油系统。主机盘车前须先投用干气密封系统，然后再启动润滑油系统。

6.8.10 正常维护

6.8.10.1 检查与记录

① 认真执行岗位责任制，严格遵守运行规程和特护设备管理制度，确保机组的各项工艺、运行指标，并做好记录，做好本机组的设备规格化。
② 检查、记录机组振动、位移、温度、转速、流量等参数。
③ 检查干气密封系统一次密封气与参考平衡管间的压差、一次泄漏放火炬气的流量、压力，二次密封气进气流量、隔离 N_2 的压力等。
④ 在机组运行中经常听、测机体各部振动和声音情况，如发现有磨刮声，振动加剧或轴承温度突然升高时应立即汇报调度、维护单位、设备管理人员，找出故障原因并进行排除，否则申请停机处理。
⑤ 检查干气密封过滤器等的液位，定期进行脱液，要严格控制密封气带液。

⑥ 检查热井液位，若有异常应及时联系仪表等相关单位检查、消除。

⑦ 检查润滑油箱液位，液位接近低报警位之前，添加润滑油至正常液位，每天白班低点脱水一次，定期检查、化验油质，若有问题应立即更换。

⑧ 检查一级、二级分液罐的液位，防止液位超高。

6.8.10.2 润滑油泵切换步骤

① 外操检查备用泵。

② 内操通知外操可以进行切换运行。

③ 外操将备用泵开关从自动扳至手动，与内操联系后启动备用泵。

④ 外操与内操时刻保持联系，备用泵启动后，内、外操观察润滑油压，当润滑油压出现上升趋势后，立即停运原运行泵并且将原运行泵投自动。

⑤ 备用泵运行正常后，取消润滑油总管低油压联锁临时摘除。

6.8.10.3 备用泵自启后的处理

① 外操迅速到现场检查情况。

② 内操将润滑油泵总管低油压联锁临时拆除。

③ 将备用泵迅速停下后打"自动"位置，如果备用泵不再启动，这说明运行泵无故障，可继续为主泵，并请仪表工检查辅油泵自启动原因，否则按正常切换步骤实施油泵切换，将原运行泵停电，交付检修。

④ 取消润滑油总管低油压联锁临时摘除。

6.8.10.4 润滑油过滤器的切换

① 切换前先对备用过滤器进行全面检查（法兰、阀、排凝等）。

② 关闭排凝阀，打开排气阀。

③ 缓慢打开充油阀，以小流量充油，观察排气阀视镜。

④ 当视镜内有油溢流时，关排气阀（已充满油）。

⑤ 缓慢地将切换杆扳至备用过滤器，注意油压变化及阀到位情况。

⑥ 关闭充油阀，缓慢将停运过滤器排油，并观察油压，交付检修。

注意：充油、切换时一定要缓慢。切换时阀一定要切换到位，禁止不到位或过量。随时观察总管油压变化。过滤器清洗后，压盖安装前，要求钳工先将壳体加满油，再扣盖，防止润滑油系统带空气而造成油压低低联锁停车。

6.8.10.5 润滑油冷油器的切换

① 切换前先对备用冷油器进行全面检查（法兰、阀、排凝等）。

② 关闭排凝阀，打开排气阀。备用冷油器的冷却水阀开度与在用冷油器冷却水阀开度一致。

③ 缓慢打开充油阀，以小流量充油，观察排气阀视镜。

④ 当视镜内有油溢流时，关排气阀（已充满油）。

⑤ 缓慢地将切换杆扳至备用冷油器，注意油压变化及阀到位情况，关闭充油阀。

⑥ 观察冷油器冷后温度，及时调整冷油器水阀的开度。

注意：充油、切换时一定要缓慢。切换时阀一定要切换到位，禁止不到位或过量。随时观察总管油压变化。过滤器清洗后，压盖安装前，要求钳工先将壳体加满油，再扣盖，防止润滑油系统带空气而造成油压低低联锁停车。

6.8.11 机组故障原因及处理

6.8.11.1 汽轮机和压缩机

（1）振动　启动时看到强烈振动，须停止增速，检查原因。如果振动不是误操作（如预热未充分），应联系检修人员检查。正常运行时突然出现振动，应减轻负荷，降速或停机。如果属喘振，先开大反飞动，无效时再停机；如果振幅逐渐增大，必须改变工作状况，进行振动频谱检查，并按下述分析处理。

故障原因	检查部位	处理方法
探测系统失灵	探测位置各个仪表	联系仪表工检查和更换有缺陷的仪表
预热不充足	机壳、轴	①频谱分析； ②速度降至 300～500r/min,并继续预热
同心度不对	联轴节、基础管线	①检查各部分温度并与同心度图表数据比较； ②停机，进行预热检查； ③冷却，找同心； ④检查基础是否变形； ⑤检查是否由于热膨胀引起管道的移动
驱动装置引起的振动	驱动装置	①检查振动来源； ②单独启动汽轮机运转再进一步确定
轴承损坏	轴承	①停机； ②如果轴承损坏较重，要检查轴承和设备内件
由于蒸汽或气体夹带有杂质微粒造成内件损坏	设备内件	①停机； ②彻底检查
由于叶片故障而不平衡	转子	①停机； ②更换转子
转子不平衡	转子	①停机； ②检查转子不平衡情况，并重新找到平衡
其他振动		将分析数据记录与有关单位联系

（2）异常声响　低速运行，进行仔细检查。增速后通常掺入转动声和蒸汽进入噪声，则难以发现声源。另外小的振动常常带有异常响声，应仔细找出真正原因。

故障原因	检查部位	处理方法
转子和迷宫密封接触	壳体、轴承底座	①低速运行时，用听针检查； ②用最低速度转动设备或者盘车，以校正转子的偏摆度； ③若声音依然存在,应停机彻底检修
叶片和喷嘴接触	壳体	①停机检查止推轴承间隙； ②检查转子和定子间隙,彻底检修壳体
杂质微粒或固定螺钉松动等	壳体、主汽门调速器阀	①找出异常声音的位置； ②如果声音不是连续不断并且被证实为杂质微粒造成的,应停机，检查内件

（3）轴承温度升高　由于轴承合金（轴瓦）损坏，润滑油量减少，润滑油压太低，润滑油供油温度太高，转子振动严重等，都会使轴承温度升高。

如果温度突然升高，排油温度超过85℃，合金温度超过120℃，应停机并检查轴承。

故障内容	检查部位	处理方法
温度计失灵	温度计	①检查仪表； ②与其他轴承相比较
仪表和控制器错误	热电偶和记录仪表指示器	检查铂热电阻的插入情况
供油温度太高	冷油油箱	①检查冷却水压力和流量； ②切换到备用冷油器； ③检查油箱油位
润滑油流量减小	润滑油	①检查油的质量，如黏度、泡沫和含水量； ②检查油箱油位
润滑油压力低、流量小	润滑油系统	①检查油压表，并确认指示正确； ②检查润滑油泵； ③检查过滤器压差并切换到备用滤油器； ④检查油箱油位； ⑤检查润滑系统或密封系统漏油情况和阀门的开度
轴承合金(轴瓦)损坏	轴承	①轴承损坏,应停机更换轴承； ②清洗轴承腔内部，并检查损坏情况,更换备件； ③调查故障原因： a. 润滑系统或密封系统故障； b. 夹有杂质微粒； c. 合金(轴瓦)磨损； d. 轴承装配不当； e. 排放物被带进汽轮机壳体； f. 负荷突然改变； g. 压缩机喘振； h. 联轴器上摩擦增大； i. 强烈振动
由于强烈振动轴承承受的压强增大	振动监测器	调查振动原因
负荷改变	压缩机和汽轮机流量计	尽量缓慢改变负荷

（4）轴承温度波动　如外部影响因素已排除，温度波动仍持续存在，停下设备检查轴承。

故障内容	检查部位	处理方法
温度计失灵	温度计	①检查温度计； ②与其他仪表相比较
温度计安装错误	温度计	检查温度计安装
蒸汽推力改变	负荷	把负荷波动减到最小程度
润滑油供油温度波动	冷却水压力表、润滑油压力表、润滑油压力计、冷油器	①调整油温； ②冷油器排气
通向温度计的注油孔太小	轴承	加大油孔尺寸
轴承装配不当	轴承	彻底检修,重新装配
轴承存在空气	轴承	增加排气孔
润滑油带泡沫	润滑油	①更换润滑油； ②检查油箱的油位
轴承受压强度不够	轴承	修改轴承设计

6.8.11.2 润滑油泵

（1）故障检查

故障内容	可能原因
泵无液体排出	①启动时泵内无油； ②转速太低； ③叶轮、配管塞堵； ④旋转方向错误； ⑤吸入管漏入空气
液体排量不足	①转速太低； ②扬程高于额定值； ③吸入高度太低； ④轮或配管部分堵塞； ⑤叶轮损坏或磨损； ⑥叶轮与口环之间间隙太大
功率消耗过大	①转速太高； ②扬程太低，流量太大； ③液体相对密度或黏度太大
由于机械故障使动力消耗过大	①轴弯曲； ②转动元件卡住； ③安装不正确，泵中心偏移； ④轴承太紧或装配不当
泵产生杂音	①气蚀； ②中心偏移； ③固体颗粒堵在叶轮上； ④基础安装不当； ⑤轴弯曲； ⑥轴承磨损； ⑦转动部件卡住
轴承使用寿命短	①泵组中心偏移； ②基础安装不适当； ③轴弯曲； ④转动部件相抵触
轴封填料寿命短	①轴封填料太紧； ②轴封填料安装不正确； ③中心偏移； ④轴弯曲； ⑤轴承损坏； ⑥液体含有异物、灰尘、黏土等

（2）故障原因和措施

项目	现象	原因	措施
泵不转动	①转动不好； ②运转时突然停止	①泵内异物卡住； ②蒸汽压力低透平停转	①重新调整泵和电机，去除杂物，清洗泵内部，重新装配泵； ②修补小缺陷或替换损坏部件； ③检查蒸汽压力

续表

项目	现象	原因	措施
压力不足	泵不出油	①泵反转； ②吸入阀关闭； ③吸入空气； ④液体黏度太大	①通知电工将电机接线改装； ②打开吸入阀； ③堵漏； ④改用黏度合适的液体
	泵出口油压低	①油从旁路流走； ②气蚀； ③泵的内泄漏增加	①重新调节安全阀和压力调节阀，检查油是否从其他部件泄漏； ②如果液体黏度太大，应改用适当黏度的液体，如果吸入空气，应修补漏气部位
	泵振动发出噪声	①电动机超载，联轴器找正不好； ②异物堵塞； ③气蚀	①测量各部件尺寸，如果磨损超极限，应更换； ②检查电机电流表是否超载，检查联轴器是否正确对中检查它是否磨损不正常； ③修正或更换
	压力波动	①气蚀； ②气阻	参照上面气蚀项目，检查配管
	密封不严密	①密封装配不适当； ②密封件过分磨损	①增加放气口，检查压力波动是否受其他部件影响，如是拆开重装； ②用新密封件更换

6.8.11.3 凝汽系统

（1）凝汽器故障引起的真空度下降

原因	特征	处理方法
冷却水中断	①真空表指示回零； ②冷却水泵出水口侧压力急剧降落	①应迅速去掉汽轮机负荷，以备用水源向汽轮机供水； ②注意真空度降到允许低值以下时，进行故障停机
冷却水量不足	①真空度逐渐下降； ②冷却水出、入口温度差增大	①若是凝汽器内管板堵塞，则应进行清扫处理； ②出口阀门全开
凝汽器满水	凝汽器水位过高	①检查凝结水泵是否正常； ②检查凝汽器冷凝管是否破裂； ③检查凝结水备用泵出口止回阀是否损坏； ④检查是否误将凝结水再循环阀门开大
凝汽器冷却面积垢	①凝汽器排气温度与冷却水出口温度差增大； ②抽汽器抽出的蒸汽空气混合物温度升高； ③冷却水流过凝汽器的压降增大； ④做严密性试验，证明漏气并未增加	当积垢过多时，停机进行处理
真空系统漏气量增多	①凝汽器排气温度与冷却水出口温度差增大； ②凝结水过冷度增加； ③做严密性试验，证明漏气增加	①检查轴封是否断汽； ②检查气缸法兰面、汽轮机排气管与凝汽器连接管是否热变形而漏汽； ③检查汽轮机安保装置是否损坏或水封断水； ④检查真空系统的管道法兰结合面、阀门盘根是否严密； ⑤检查抽汽器是否工作正常

(2) 抽汽器故障引起的真空度下降

特征	原因	处理方法
①冷却水出口水温与排气温度的差值增大；②抽汽器排气器向外冒水或冒蒸汽；③凝结水过冷度增加，但做严密性试验，证明漏气并未增加	空气吸入管路的接合处或阀杆漏气	联系维修
	工作蒸汽压力不正常；工作蒸汽带有湿度	联系调整
	蒸汽滤网损坏，引起喷嘴堵塞；喷嘴通道积盐、积垢	用迅速开大和关小蒸汽阀的方法进行冲洗，严重时停机清理
	喷嘴或扩压管磨损或腐蚀	联系维修
	喷嘴位置不正确	
	抽汽器过负荷	检查系统是否漏入大量空气
	冷却器疏水装置受阻	加强疏水
	冷却器内隔板或管板泄漏，使冷却器短路	联系维修
	冷却管破裂或管板上胀口松弛，使冷却器满水	
	进入冷却器的冷却水量不足或温度过高	打开凝汽器凝结水再循环阀门，必要时补充软化水

6.8.11.4 干气密封系统

故障内容	现象	处理方法
过滤器堵塞	过滤器F1(或F2)前后压差大于40kPa时报警	更换滤芯
一级密封气流量低	①高压缸流量计FIA3601、FIA3603小于70Nm³/h时报警；②中压缸流量计FIA3701、FIA3703小于34Nm³/h时报警；③低压缸流量计FIA3801、FIA3803小于17Nm³/h时报警	检查供气压力是否偏低
放火炬流量低	①高压缸流量计FIA3605、FIA3606小于8Nm³/h时报警；②中压缸流量计FIA3705、FIA3706小于7.5Nm³/h时报警；③低压缸流量计FIA3805、FIA3806小于7Nm³/h时报警	如果相应的二级密封进气流量正常，则二级密封有问题
放火炬流量高	①高压缸流量计FIA3605、FIA3606大于48Nm³/h时报警；②中压缸流量计FIA3705、FIA3706大于44Nm³/h时报警；③低压缸流量计FIA3805、FIA3806大于42Nm³/h时报警	说明一级密封有问题，如果一级密封泄漏继续增加，导致放火炬压力开关任一高报，则联锁停车

6.9 预加氢循环压缩机（601-K-101A/B）

预加氢循环压缩机共两套，一开一备，由沈阳鼓风机集团股份有限公司设计制造。压缩机驱动电机由佳木斯电机股份有限公司制造，为增安型异步电机。

预加氢循环压缩机为对称平衡型往复式压缩机（2D16-18.49/20-30-BX），2列气缸，1级压缩，气缸有双重作用，气缸进、排气口均按上进下出布置。压缩机采用D型双室隔距件，隔离室的开孔设带垫片的整体金属盖板。气缸和填料函按无油润滑设计，少油润滑操作。所有刮油器、中间密封和气缸压力填料均为带不锈钢卡紧弹簧的剖分环填料。气缸压力填料函设置充气系统以阻止燃料气外漏并设有漏气收集接管及集液罐，充氮系统配有减压阀。

活塞杆与十字头的连接采用液压上紧连接，活塞杆螺纹采用滚制。活塞杆通过填料函部分的表面采取陶瓷硬化处理措施，最低硬度为Rc60。

气缸采用气动操作的卸荷器作气量调节，设单一流量调节旋钮，分为0、50%、100%三档；所有进气阀上装备卸荷器，用电磁阀控制，气量调节开关安装在就地盘上。

压缩机与电动机直联，采用刚性联轴器，并配有全封闭无火花金属护罩。

压缩机气缸及填料的冷却采用专门设计的冷却水系统，冷却水由专门的水站供给，同异构化循环氢压缩机共用一个水站。

主辅油泵为螺杆泵，互为备用。每台油泵具有机组所需要油量的120%的容积流量。

主电机为增安型异步电机，型号为YAKK710-16W，功率为400kW，防爆等级为EXeI-ICT4，防护等级为IP54。

6.9.1 开机前的检查和要求

① 检查各机体连接螺栓、地脚螺栓是否紧固，管线、阀门连接是否紧固、有无泄漏。
② 检查阀门开关是否灵活，各管线阀门、排凝阀、放空阀的开关状态是否正确。
③ 检查、投用各压力表、液位计、压力变送器、液位变送器、压力调节阀。
④ 检查机组各轴系仪表零点是否正确。
⑤ 确认仪表联校、电气试验完成。
⑥ 机身油箱、注油器油箱分别添加润滑油至1/2～2/3油标位置。
⑦ 引进循环水、软化水、氮气、仪表风等公用工程介质。
⑧ 机、电、仪专业相关人员到现场。
⑨ 联系电工将高压开关柜小车推至"试验"位置，由现场开关柱进行启动和停止模拟试验，以进一步确认电气系统是否正常。
⑩ 给主电机、空间加热器、润滑油辅泵、注油器等送电。
⑪ 开启电机空间加热器，主电机启动后空间加热器自动断开。
⑫ 润滑油系统的投用。

油冷却器的投用：

a. 打开油侧排污阀，排尽后关闭，打开放空阀直到有油流出后关闭。
b. 打开水侧排污阀，排尽后关闭。
c. 打开水侧放空阀，全开冷却器上水阀，待放空阀有水流出后，关闭放空阀。稍开冷却器下水阀，待油温高于35℃时再打开冷却器下水阀。

油过滤器的投用：

a. 检查并确认双联三通阀的切换装置良好，并转动切换手柄，使油只能通过一只过滤器。
b. 打开排污阀，排尽后关闭；打开放空阀，直到有油流出后关闭。
c. 切换至另一只过滤器。打开放空阀，直到有油流出后关闭。

启动主油泵，调节供油总管油压至0.3MPa（G）左右。

⑬ 水站冷却水系统的投用。
⑭ 氮气及仪表风系统的投用。

a. 检查调整填料充氮系统减压阀后氮气压力，填料、间隔室充氮压力为0.15MPa左右。打开去填料及间隔室充氮阀。
b. 打开接筒排污阀排污后关闭。

c. 排净集油器内油水后关闭该阀，打开填料去集油器阀门，打开集油器去火炬线阀门。

d. 检查机组仪表风供风压力是否在 0.4～0.6MPa 之间。引仪表风至负荷阀前，投用负荷手柄试验卸荷器开启动作，风压和负荷动作正常。

⑮ 机组氮气置换。

a. 机组外面第一道进、出口阀门关闭。

b. 打开安全阀上、下游截止阀，投用安全阀。

c. 稍开置换氮气入口阀，慢慢引入机体内，当达到系统入口压力后，关闭氮气入口阀。

d. 用肥皂水检查压缩机及管线是否泄漏，如有泄漏则卸压后重新紧固再充 N_2 检查。第一次换时，分别打开各出入口缓冲罐排污阀、管线低点放空阀进行放空排凝后，关闭这些阀门。

e. 打开出口放空（放火炬）阀，将气体放尽。

f. 重复以上置换 2～3 次，直到含氧量符合要求。

6.9.2 开机运行

① 打开压缩机出、入口阀，确认排凝阀、放空阀关闭，置换氮气阀关闭，软隔离阀打开，工艺流程打通。

② 启动注油器给填料函和气缸预润滑，确认各注油点供油量正常。

③ 将负荷设置为"0%"。

④ 将压缩机盘车 2～3 圈，检查曲轴转动是否自如。

⑤ 进入机组"联锁"画面，确认无联锁信号后，按"系统复位"按钮。切入"开车条件"画面，确认允许开车条件全部满足。

⑥ 现场启动压缩机主电机，压缩机开始运转，检查压缩机有无异常声响及其他异常情况。

⑦ 运行 5～10min，若无异常情况，逐步加负荷至 100%。

⑧ 若在升压、提量过程中，出现振动、杂声以及温度、压力有异常变化时，应立即降低负荷或停机处理。

6.9.3 停机运行

6.9.3.1 正常停机

① 运行岗位联系班长、调度。

② 将负荷逐步降为 0%。

③ 按停主电机按钮。

④ 关闭压缩机的进、出口阀。

6.9.3.2 紧急停机

① 遇到下列情况之一，需紧急停机：

a. 机体发出严重的撞击声。

b. 润滑油压力小于 0.2MPa，而辅助油泵不能自启动，油压继续下降，或者辅助油泵启动后油压仍继续下降，直至润滑油压力小于 0.15MPa，联锁不动作。

c. 压缩机轴承温度超过 70℃，且继续上升。

d. 电机轴承温度超过 90℃，且继续上升。

e. 主电机定子温度超过 155℃，联锁不动作，且继续上升。

f. 排气温度超过 100℃，且继续上升。

g. 管线破裂无法修复或发生着火爆炸时。

h. 装置区其他地方着火。

i. 出现其他不可预见故障时。

② 紧急停机步骤：

a. 按紧急停机按钮。

b. 将负荷控制手柄打至"0％"位。

c. 向调度、班长汇报。

d. 关闭进、出口阀。

e. 通过中控室的紧急停机按钮、现场运行柱均可实施紧急停机。

6.9.3.3 停机后处理

① 机组停运后，油泵应继续运行一段时间，直至轴承温度降至常温后才可停泵（备用状态下可不停润滑油泵）。

② 待气缸、填料箱冷却后，关闭气缸及填料冷却水，停水泵，关闭冷却器上、下水阀（备用状态下可不停）。

③ 停止注油器（备用状态下可不停），开电机空间加热器。

④ 如检修，则需置换合格。

⑤ 打开放空阀。

6.9.4 正常维护

6.9.4.1 检查与记录

① 检查机体油箱的液位是否正常，温度应小于 35℃。

② 确认各注油点流量正常。

③ 检查油冷却器出口油温，确认其不大于 35℃，并根据需要调节冷却水量。

④ 检查油过滤器压差，确认其小于 0.1MPa，并根据需要切换过滤器并进行清洗。

⑤ 检查注油器的液位并根据需要添加新油。

⑥ 检查并确认机体运行良好，无异常响声和振动。

⑦ 检查并确认气缸轴套冷却水出口温度和填料函冷却水出口温度正常。

⑧ 检查电机定子温度、电机和压缩机轴承温度、填料温度是否正常。

⑨ 检查电机的电流、电压、温度、功率因数是否正常。

⑩ 检查集液罐的液位，及时脱液。

6.9.4.2 机组等负荷切换运行

① 联系调度、班长，将备用机的负荷控制手柄切换至"0％"位后，按正常步骤启动备用机，运行 3～5min，检查各部分运行情况，待运行正常后，准备换机。

② 先将备用机加负荷至 50%，待出口压力与系统平衡后，运行机负荷迅速降至 50%；然后将备用机负荷提到 100%，同时将运行机负荷降至 0%。

③ 待备用机运转一段时间，流量及运转情况都正常后，按正常停机步骤停运行机。

④ 运行中辅油泵自启动后的操作：

a. 外操迅速到现场检查情况。

b. 内操检查润滑油压力波动情况，查明原因。

c. 若原运行泵检查无问题，将辅油泵停下，并切换至"自动"位置。如果是仪表故障，则请仪表工处理；如果是润滑油过滤器压差高所致，则切换过滤器并联系钳工清洗或更换滤芯。

d. 如原因检查不明，则切换机组，对润滑油系统进行全面检查，直至找出问题。

⑤ 检查冷却水系统是否存在问题。

⑥ 运行中辅水泵自启动后的操作：

a. 外操迅速到现场检查情况。

b. 内操则检查冷却水压力波动情况，查明原因。

c. 若原运行泵检查无问题，则将辅水泵停下，并迅速切换至自动位置。如果是仪表故障，则请仪表工处理；如果是过滤器压差高所致，则切换过滤器并联系钳工清洗或更换滤芯。

d. 如原因检查不明，则进行换泵运行。停止原运行泵，停电交钳工检修。

⑦ 润滑油过滤器的切换：

a. 切换前先对备用过滤器进行全面检查（法兰、阀、排凝等）。

b. 关闭排凝阀，打开排气阀。

c. 缓慢打开充油阀，以小流量充油，观察排气阀视镜。

d. 当视镜内有油溢流时，关排气阀（已充满油）。

e. 缓慢地将切换杆扳至备用过滤器，注意油压变化及阀到位情况，关闭充油阀。

f. 缓慢将停运过滤器排油，并观察油压，交付检修。

注意：充油、切换一定要缓慢。切换时阀一定要到位，禁止不到位或过量。随时观察总管油压变化。过滤器清洗后，压盖安装前，要求钳工先将壳体加满油，再扣盖，防止润滑油系统带空气而造成低油压联锁停车。

6.9.5 事故处理

（1）公用工程故障处理

故障原因	现象	处理措施
停电	主机、冷却水系统停运	压缩机已停机，负荷手柄拉至零
停仪表风	压缩机气量调节系统失灵，负荷回零	维持机组运转或按工艺要求正常停机处理
停循环水	润滑油冷后温度、气缸和填料温度、电机温度上升	瞬时停水，维持机组安全运行；长时间停水，按正常停机处理
停氮气	隔爆箱无氮气保护 填料函无氮气充入	加强巡检，维持机组正常运转；查明原因，要求尽快恢复

(2) 机组故障原因及处理

故障内容	原因	处理方法
油泵出口润滑油压力逐步下降	油池油位不够	添加相应的润滑油
	油过滤器堵	拆洗油过滤器
	油泵泄漏或管线漏	停机检修
	油泵故障,齿间隙过大	检修油泵、调整间隙
	安全阀泄漏	检修、调整安全阀
	油冷器效果差,油温过高	清洗油冷却器
	运动机构间隙增大	停机检修
油压指示突然下降	油箱内油量突然减少	添加润滑油,检查减少原因
	油管线堵、破裂	停机检修
	润滑油压力表失灵	更换压力表
润滑油温度过高	油冷却器冷却水量不够	增大冷却水量
	润滑油太脏	清洗机身,更换润滑油
	油箱内油量不够	添加润滑油
	运动机构发生故障	停机检修
润滑油压力过高	油温低、黏度大	进行跑油、升温
	油泵齿间隙太小	停机检修
	泵回油阀未调整好	调整回油量
	轴瓦配合过紧	停机检修
压缩机排气量逐步下降	入口管线过滤器堵	停机清洗过滤网
	吸、排气阀故障	停机检修气阀
	活塞环磨损	停机检修活塞环
	工艺运行变化	联系班长加强观察
	放空阀或其他阀泄漏	停机检修阀门
	安全阀泄漏	切换安全阀检修
	填料漏气	检查或更换
压缩机排气量突然回零	吸、排气阀严重故障	停机检修
	活塞环严重磨损	停机检修
	安全阀起跳	切换安全阀,检修
	压缩机停	查明原因,迅速开机
	流量表失灵	仪表校表
压缩机排气压力高	系统压力高	联系内运调整运行
	出口管线堵	清洗出口管线
压缩机排气温度升高	压缩比升高	联系内操调整运行
	气缸冷却不良	增大冷却水量
	气阀损坏	停机检修
	入口温度升高	调整入口温度
	介质密度过大	加强观察

续表

故障内容	原因	处理方法
机身不正常声音	主轴承曲柄销轴磨损	更换轴瓦
	连杆小头轴承磨损	更换轴瓦
	轴承紧固螺栓松动	重新紧固锁紧
	十字头滑板磨损	重浇合金或更换调整垫
气缸内不正常声音	活塞止点间隙调整不当	重新调整
	活塞紧固螺栓松动	重新紧固锁紧
	活塞环轴向间隙过大或断裂	更换活塞环
	填料紧固螺母松动	重新拧紧螺母
	气阀制动螺母松动	拧紧螺母
	气阀制动固定螺钉松动	重新按规定拧紧
	气阀阀片弹簧损坏	更换阀门或弹簧
气量调节机构异常动作	气阀损坏	更换气阀部件
	执行机构气源压力低	检查泄漏,增压

6.10 异构化循环压缩机（701-K-101A/B）

机组选用往复式压缩机,由沈阳鼓风机集团股份有限公司设计制造,驱动电机由佳木斯电机股份有限公司制造。

该机为对称平衡型往复式压缩机(2D16-24.65/18-24-BX),2列气缸,1级压缩,气缸为双作用,气缸进、排气口均按上进下出布置。压缩机采用D型双室隔距件,隔离室的开孔设带垫片的整体金属盖板。气缸和填料函按无油润滑设计,少油润滑操作。所有刮油器、中间密封和气缸压力填料均为带不锈钢卡紧弹簧的剖分环填料。气缸压力填料函设置充气系统以阻止燃料气外漏并设有漏气收集接管及集液罐,充氮系统配有减压阀。

活塞杆与十字头的连接采用液压上紧连接,活塞杆螺纹采用滚制。活塞杆通过填料函部分的表面采用陶瓷硬化处理,最低硬度为Rc60。

气缸采用气动操作的卸荷器作气量调节,设单一流量调节旋钮,分为0、50%、100%三档;所有进气阀上装备卸荷器,用电磁阀控制,气量调节开关安装在就地盘上。

压缩机与电动机直联,采用刚性联轴器,并配有全封闭无火花金属护罩。

6.10.1 开机前的检查和要求

① 检查各机体连接螺栓、地脚螺栓是否紧固,管线、阀门连接是否紧固、有无泄漏。
② 检查阀门开关是否灵活,各管线阀门、排凝阀、放空阀的开关状态是否正确。
③ 检查、投用各压力表、液位计、压力变送器、液位变送器、压力调节阀。
④ 检查机组各轴系仪表零点是否正确。
⑤ 确认仪表联校、电气试验完成。
⑥ 机身油箱、电机轴承箱分别添加 DAB150、TSA46 至 1/2~2/3 油标位置。

⑦ 引进循环水、软化水、氮气、仪表风等公用工程介质。

⑧ 机、电、仪专业相关人员到现场。

⑨ 联系电工将高压开关柜小车推至"试验"位置，由现场开关柱进行启动和停止模拟试验，以进一步确认电气系统是否正常。

⑩ 给主电机、空间加热器、水站水泵、润滑油辅泵等送电。

6.10.2　开启电机空间加热器

主电机启动后空间加热器自动断开。

6.10.3　润滑油和水站冷却水系统的投用

(1) 润滑油系统的投用

① 油冷却器的投用：

a. 打开油侧排污阀，排尽后关闭，打开放空阀直到有油流出后关闭。

b. 打开水侧排污阀，排尽后关闭。

c. 打开水侧放空阀，全开冷却器上水阀，待放空阀有水流出后，关闭放空阀。稍开冷却器下水阀，待油温高于35℃时再打开冷却器下水阀。

② 油过滤器的投用：

a. 检查并确认双联三通阀的切换装置良好，并转动切换手柄，使油只能通过一只过滤器。

b. 打开排污阀，排尽后关闭；打开放空阀，直到有油流出后关闭。

c. 切换至另一只过滤器，打开放空阀，直到有油流出后关闭。

③ 启动辅助油泵，调节供油总管油压至 0.3~0.4MPa（G）。

④ 通过旁通阀（有的机组单向阀上已开回油孔）给轴头泵灌油，开出口放空阀排空。

(2) 水站冷却水系统的投用。

6.10.4　氮气及仪表风系统的投用

① 检查调整填料充氮系统减压阀后氮气压力，填料、间隔室充氮压力为 0.05~0.1MPa。打开去填料及间隔室充氮阀。

② 打开接筒排污阀排污后关闭。

③ 排净集油器内油水后关闭该阀，打开填料去集油器阀门，打开集油器去火炬线阀门。

④ 检查机组仪表风供风压力，确保其在 0.4~0.7MPa 之间。引仪表风至负荷阀前，投用负荷手柄试验卸荷器开启动作，风压和负荷动作正常。

6.10.5　机组氮气置换

① 机组外面第一道进、出口阀门关闭。

② 打开安全阀上、下游截止阀，投用安全阀。

③ 稍开置换氮气入口阀，慢慢引入机体内，当达到系统入口压力后，关闭氮气入口阀。

④ 用肥皂水检查压缩机及管线是否泄漏，如有泄漏则卸压后重新紧固再充 N_2 检查。第

一次置换时，分别打开各出入口缓冲罐排污阀、管线低点放空阀进行放空排凝后，关闭这些阀门。

⑤ 打开出口放空（放火炬）阀，将气体放尽。

⑥ 重复以上置换 2~3 次，直到含氧量符合要求。

6.10.6 开机运行

① 打开压缩机出、入口阀，确认排凝阀、放空阀关闭，置换氮气阀关闭，软隔离阀打开，工艺流程打通。

② 将负荷设置为"0%"。

③ 将压缩机盘车 2~3 圈，检查曲轴转动是否自如。

④ 进入机组"联锁"画面，确认无联锁信号后，按"系统复位"按钮。切入"开车条件"画面，确认允许开车条件全部满足。

⑤ 现场启动压缩机主电机，压缩机开始运转，检查压缩机有无异常声响及其他异常情况。

⑥ 确认轴头泵打量正常后，手停辅助油泵并迅速将开关置于"自动"位置。

⑦ 运行 5~10min，若无异常情况，逐步加负荷至 100%。

⑧ 若在升压、提量过程中，出现振动、杂声以及温度、压力有异常变化时，应立即降低负荷或停机处理。

6.10.7 停机运行

6.10.7.1 正常停机

① 运行岗位联系班长、调度。

② 将负荷逐步降为 0%。

③ 按停主电机按钮。

④ 关闭压缩机的进、出口阀。

6.10.7.2 紧急停机

① 遇到下列情况之一，需紧急停机：

a. 机体发出严重的撞击声。

b. 润滑油压力小于 0.15MPa，而辅助油泵不能自启动，油压继续下降，或者辅助油泵启动后油压仍继续下降，直至润滑油压力小于 0.12MPa，联锁不动作。

c. 压缩机轴承温度超过 70℃，且继续上升。

d. 电机轴承温度超过 80℃，且继续上升。

e. 主电机定子温度超过 130℃，联锁不动作，且继续上升。

f. 排气温度超过 90℃，且继续上升。

g. 管线破裂无法修复或发生着火爆炸时。

h. 装置区其他地方着火。

i. 出现其他不可预见故障时。

② 紧急停机步骤：

a. 按紧急停机按钮。
b. 将负荷控制手柄打至"0%"位。
c. 向调度、班长汇报。
d. 关闭进、出口阀。
e. 通过中控室的紧急停机按钮、现场运行柱均可实施紧急停机。

6.10.7.3 停机后处理

① 机组停运后，辅助油泵应继续运行一段时间，直至轴承温度降至常温后才可停泵（备用状态下可不停润滑油泵）。
② 待气缸、填料箱冷却后，关闭气缸及填料冷却水，停水泵，关闭冷却器上、下水阀。
③ 开电机空间加热器。
④ 如检修，则需置换合格。
⑤ 打开放空阀。

6.10.8 正常维护

（1）检查与记录
① 检查机体油箱的液位是否正常，温度应小于35℃。
② 检查油冷却器出口油温，确认其不大于35℃，并根据需要调节冷却水量。
③ 检查油过滤器压差，确认其小于0.1MPa，并根据需要切换过滤器并进行清洗。
④ 检查并确认机体运行良好，无异常响声和振动。
⑤ 检查并确认气缸轴套冷却水出口温度和填料函冷却水出口温度正常。
⑥ 检查电机定子温度、电机和压缩机轴承温度、填料温度。
⑦ 检查电机的电流、电压、温度、功率因数是否正常。
⑧ 检查集液罐的液位，及时脱液。

（2）机组等负荷切换运行
① 联系调度、班长，将备用机的负荷控制手柄切换至"0%"位后，按正常步骤启动备用机，运行3~5min，检查各部分运行情况，待运行正常后，准备换机。
② 先将备用机加负荷至50%，待出口压力与系统平衡后，运行机负荷迅速降至50%；然后备用机负荷提到100%，同时运行机负荷降至0%。
③ 待备用机运转一段时间，流量及运转情况都正常后，按正常停机步骤停运行机。

（3）运行中辅油泵自启动后的操作
① 外操迅速到现场检查情况。
② 内操检查润滑油压力波动情况，查明原因。
③ 若原运行泵检查无问题，将辅油泵停下，并切换至"自动"位置。如果是仪表故障，则请仪表工处理；如果是润滑油过滤器压差高所致，则切换过滤器并联系钳工清洗或更换滤芯。
④ 如原因检查不明，则切换机组，对润滑油系统（包括轴头泵）进行全面检查，直至找出问题。

（4）检查冷却水各项指标是否合格

（5）运行中辅水泵自启动后的操作

① 外操迅速到现场检查情况。

② 内操检查冷却水压力波动情况，查明原因。

③ 若原运行泵检查无问题，则将辅水泵停下，并迅速切换至自动位置。如果是仪表故障，则请仪表工处理；如果是过滤器压差高所致，则切换过滤器并联系钳工清洗或更换滤芯。

④ 如原因检查不明，则进行换泵运行，停止原运行泵，停电交钳工检修。

（6）润滑油过滤器的切换

① 切换前先对备用过滤器进行全面检查（法兰、阀、排凝等）。

② 关闭排凝阀，打开排气阀。

③ 缓慢打开充油阀，以小流量充油，观察排气阀视镜。

④ 当视镜内有油溢流时，关排气阀（已充满油）。

⑤ 缓慢地将切换杆扳至备用过滤器，注意油压变化及阀到位情况，关闭充油阀。

⑥ 缓慢将停运过滤器排油，并观察油压，交付检修。

注意：充油、切换一定要缓慢。切换时阀一定要到位，禁止不到位或过量。随时观察总管油压变化。过滤器清洗后，压盖安装前，要求钳工先将壳体加满油，再扣盖，防止润滑油系统带空气而造成低油压联锁停车。

6.10.9 事故处理

公用工程故障处理、机组故障原因及其处理，与预加氢循环压缩机相同，此处不再赘述。

第7章 连续重整装置DCS仿真操作

7.1 连续重整工艺仿真平台简介

连续重整工艺仿真平台（http://125.222.104.90：9001）

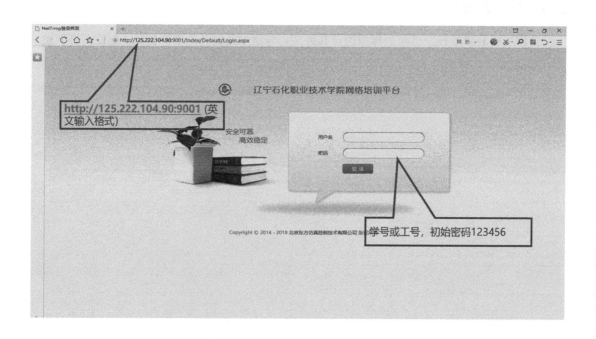

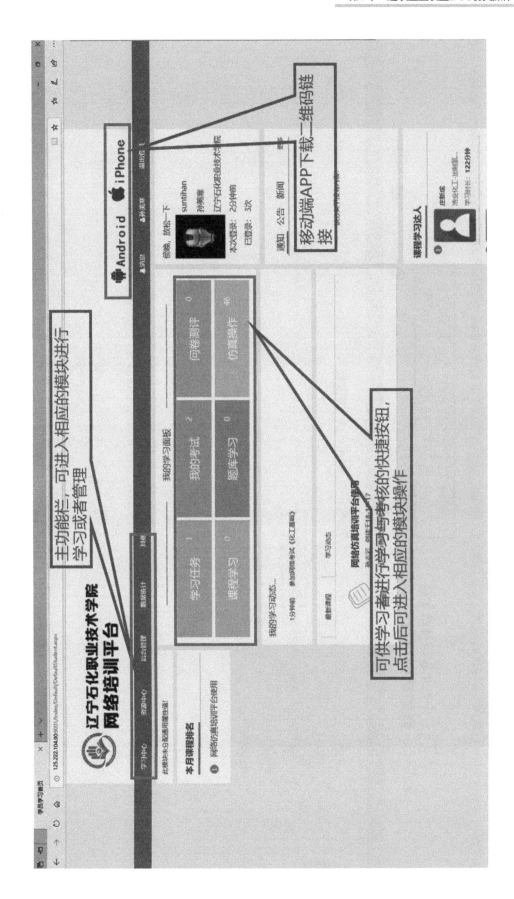

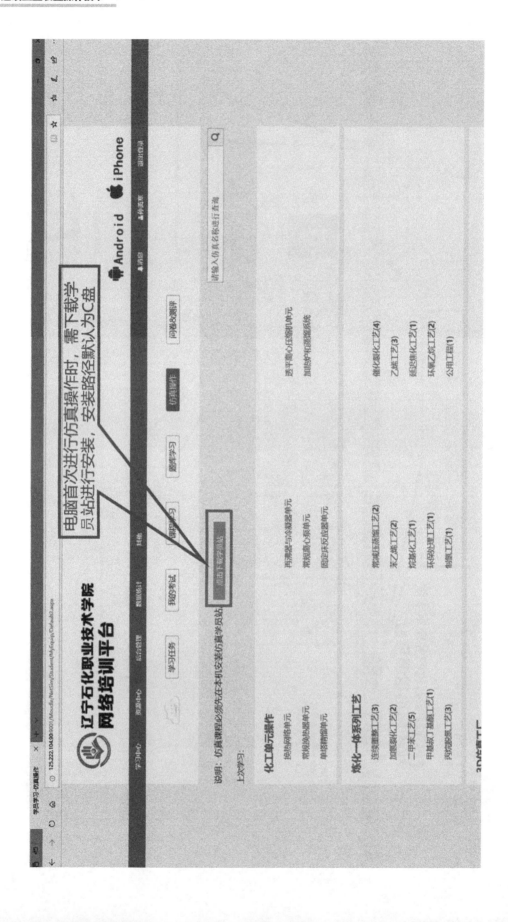

第7章 连续重整装置DCS仿真操作

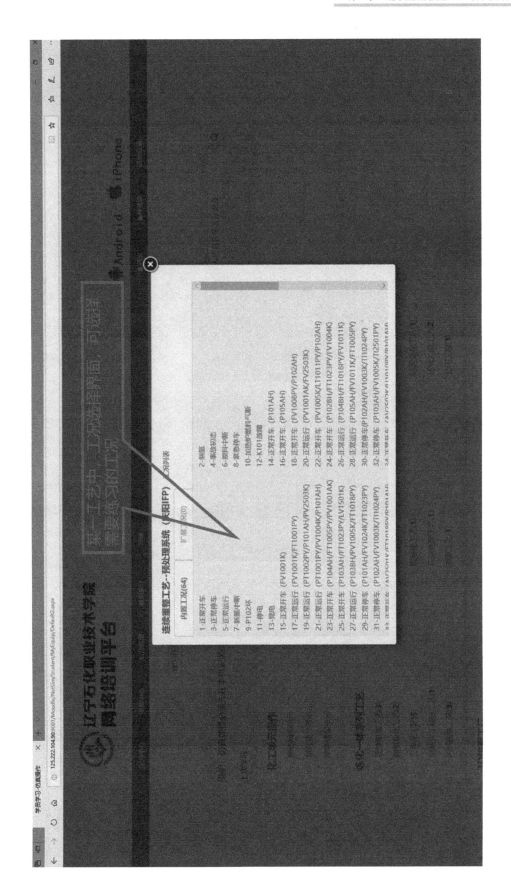

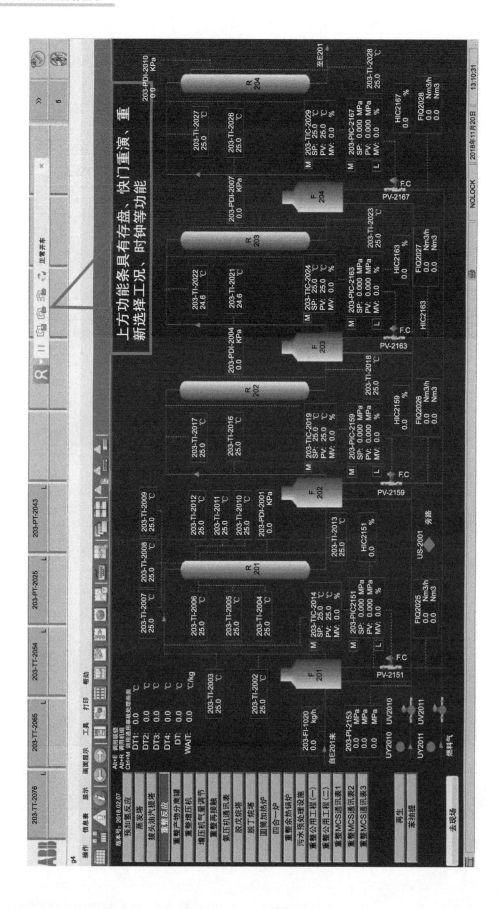

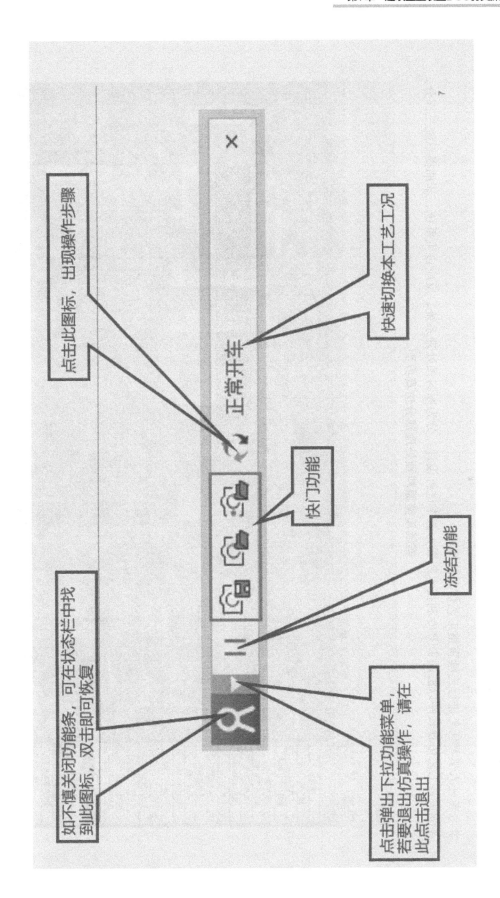

7.2 连续重整工艺 DCS 仿真简介

学习者进入学习任务进行连续重整工艺仿真的练习。

连续重整工艺仿真软件以法国 IFP 专利技术装置为蓝本进行设计,分为原料预处理系统、反应再生系统、苯抽提系统三部分。

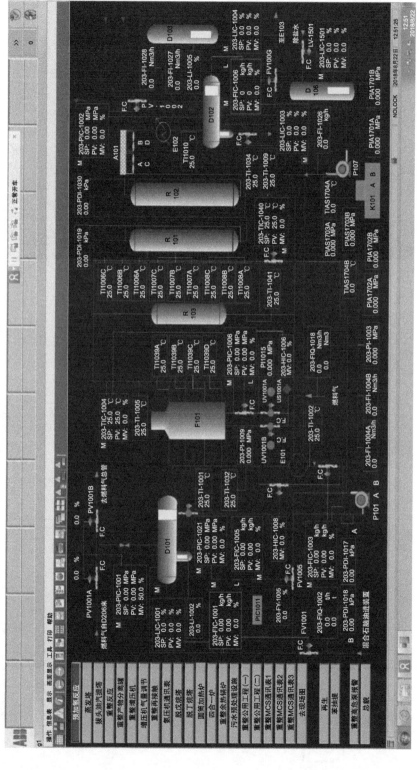

连续重整原料预处理部分仿真界面

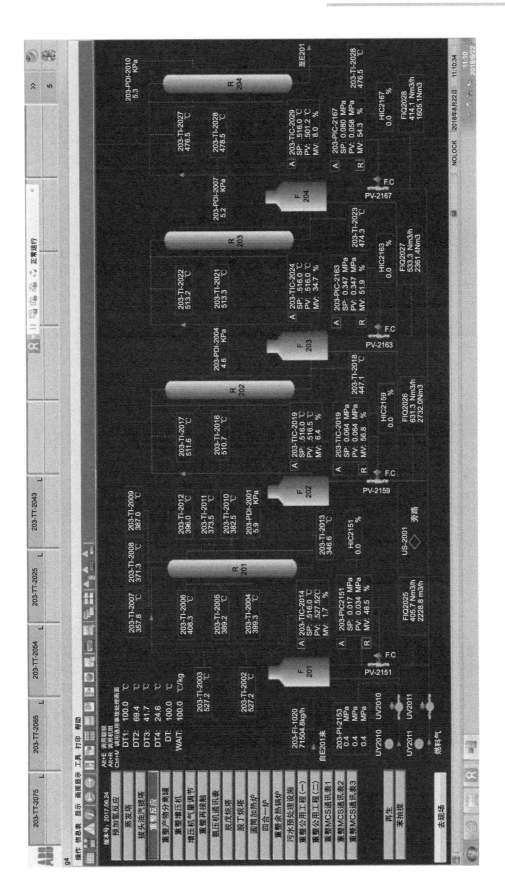

连续重整原料反应部分仿真界面

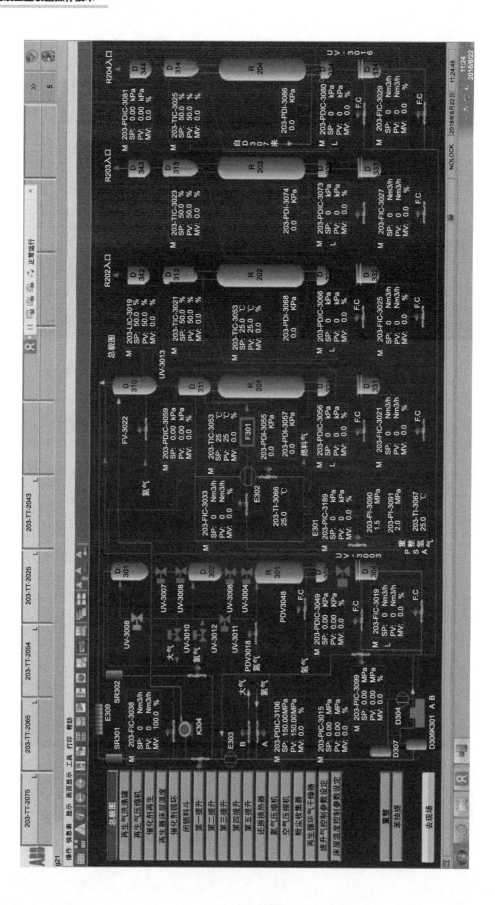

连续重整催化剂再生部分仿真界面

第7章 连续重整装置DCS仿真操作

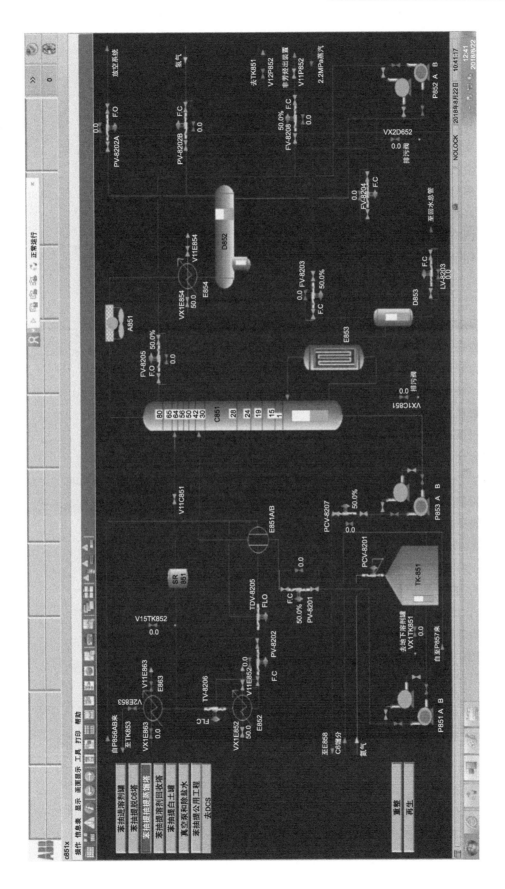

连续重整苯抽提部分仿真界面

7.3 连续重整工艺 DCS 仿真练习

依照步骤，完成连续重整工艺冷态开车仿真操作，主要操作步骤如下：
① 分馏垫油，循环升温；
② 反应引氢气，启动 K201 建立循环；
③ 余热锅炉开工，反应系统升温；
④ 重整进料；
⑤ 再接触开车；
⑥ 调整至正常。

具体操作步骤如下：

7.3.1 分馏垫油，循环升温

	分数
过程起始条件：无	
过程终止条件：无	
S5：现场打开 C201 氮气充压阀（VX1C201.OP＞0.5000）	2
S6：将 D206 压力充到 0.5MPa 时关闭充氮阀（VX1C201.OP＜0.5000）	5
起始条件（返回最后一项）：	
PIC2064.PV＞0.4000	
S2：现场打开重整进冷油开工旁路阀（VI3P201.OP＞0.5000）	2
S7：打开泵 P201A 的入口阀（A 与 B 任开一个）（VIP201A.OP＞0.5000）	2
S8：启动泵 P201A（PIP201A.PV＞0.5000）	2
起始条件（与）：	
VIP201A.OP＞0.5000	
S9：打开泵 P201A 出口阀（VOP201A.OP＞0.5000）	2
S10：打开泵 P201B 的入口阀（VIP201B.OP＞0.5000）	2
S11：启动塔底泵 P201B（PIP201B.PV＞0.5000）	2
起始条件（返回最后一项）：	
VIP201B.OP＞0.5000	
S12：打开泵 P201B 的出口阀（VOP201B.OP＞0.5000）	2
S71：打开 P201 出口至 E206A 开工线（VI1P201.OP＞0.5000）	5
S70：打开 E213 旁路阀（VBE213.OP＞0.5000）	5
S18：C201 充压后，打通 R206 现场流程，打开 PV2051 调节阀给 C201 垫液（PV2051.OP＞0.5000）	5
S74：复位打开 UV2008（UV2008.OP＞0.5000）	5
S39：打开泵 P204A 的入口阀（A 与 B 任开一个）（VIP204A.OP＞0.5000）	5
S73：液位达 10% 时启动泵 P204A（PIP204A.PV＞0.5000）	5
起始条件（与）：	

VIP204A. OP＞0.5000

LIC2016. PV＞10.0000

S72：打开泵 P204A 出口阀（VOP204A. OP＞0.5000）	5
S4：打开泵 P204B 的入口阀（A 与 B 任开一个）（VIP204B. OP＞0.5000）	5
S3：液位达 10％时启动泵 P204B（PIP204B. PV＞0.5000）	5

起始条件（返回最后一项）：

LIC2016. PV＞10.0000

VIP204B. OP＞0.5000

S1：打开泵 P204B 出口阀（VOP204B. OP＞0.5000）	5
S13：打开塔底去再沸炉流量控制阀（FIC2014. OP＜99.0000）	2
S14：打开塔底去再沸炉流量控制阀（FIC2015. OP＜99.0000）	2
S68：塔底每支循环量为 42000kG/h（FIC2014. PV＞＝40000.0000）	5
S67：塔底每支循环量为 42000kG/h（FIC2015. PV＞＝40000.0000）	5
S17：打开塔底控制阀 FV2017 前阀（FV2017I. OP＞0.5000）	5
S15：打开塔底控制阀 FV2017 后阀（FV2017O. OP＞0.5000）	5
S16：打开塔底控制阀 FV2017（FV2017. OP＞0.5000）	5
S27：打开 C201 塔底重整油去开工线阀返回 D160，建立油运大循环（VX2E206. OP＞0.5000）	2
S29：启动 C201 塔顶空冷器 A203（PIA203A. PV＞0.5000）	2
S30：启动 C201 塔顶空冷器 A203（PIA203B. PV＞0.5000）	2
S31：启动 C201 塔顶空冷器 A203（PIA203C. PV＞0.5000）	2
S32：启动 C201 塔顶空冷器 A203（PIA203D. PV＞0.5000）	2
S28：投用水冷器 E207（VX1E207. OP＞0.5000）	5
S34：打开吹扫蒸汽（VX7F205. OP＞0.5000AFTER2）	0
S33：合格后，关闭吹扫蒸汽（VX7F205. OP＜0.5000AFTEREND）	5

起始条件（返回最后一项，优先）：

VX7F205. OP＞0.5000

S40：打开 F205 进空气阀门（VX1F205. OP＞0.5000）	2
S41：复位 UV2012（UV2012. OP＞0.5000）	2
S42：复位 UV2013（UV2013. OP＞0.5000）	2
S43：打开炉前手阀 VI1F205（VI1F205. OP＞0.5000）	2
S44：打开炉前手阀 VI2F205（VI2F205. OP＞0.5000）	2
S45：F205 进点火棒（F205VI. OP＞0.5000）	2
S46：打开 F205 燃料气控制阀（PIC2174. OP＞0.5000）	2
S47：启用 C201 塔底再沸炉（RI1F205. PV＞0.5000）	2
S51：脱水后，F205 继续以 20～25℃/h 的速度进行升温（TIC2054. PV＞150.0000）	2
S53：打开泵 P203 的入口阀（VIP202A. OP＞0.5000）	2

S54：启动回流泵 P203A（PIP202A.PV＞0.5000）	2
起始条件（与）：	
VIP202A.OP＞0.5000	
S55：打开泵 P203 的出口阀（VOP202A.OP＞0.5000）	2
S56：打开泵 P203 的入口阀（VIP202B.OP＞0.5000）	2
S57：启动回流泵 P203B（PIP202B.PV＞0.5000）	2
起始条件（与）：	
VIP202B.OP＞0.5000	
S58：打开泵 P203 的出口阀（VOP202B.OP＞0.5000）	2
分组关系：组1‖组2，组3‖组4，组5‖组6	

7.3.2 反应引氢气，启 K201 建立循环

过程起始条件：无

过程终止条件：无

	分数
S1：打开压缩机出口阀 UV2002（UV2002.OP＞0.5000）	5
S2：打开压缩机进口阀 UV2003（UV2003.OP＞0.5000）	5
S25：建立低压端一级密封气大于 20（FNSIA2791.PV＞0.5000）	5
S41：建立高压端一级密封气大于 20（FNSIA2792.PV＞0.5000）	5
S42：保证低压端一级泄漏放火炬流量大于 5.5（FNSIA2793.PV＞0.5000）	5
S54：保证高压端一级泄漏放火炬流量大于 5.5（FNSIA2794.PV＞0.5000）	5
S55：投用润滑油冷却器，保证油温正常	5
〔Add（VX1EK201A.OP，VX1EK201B.OP）＞0.5000〕	
S56：启油泵，油路开车至正常（PINSA2739.PV＞0.1000）	10
起始条件（与）：	
FNSIA2791.PV＞0.5000	
FNSIA2792.PV＞0.5000	
FNSIA2793.PV＞0.5000	
FNSIA2794.PV＞0.5000	
S63：打开 3.5MPa 蒸汽速关阀 ZS2758A（ZS2758A.OP＞0.5000）	10
起始条件（返回最后一项）：	
PINSA2739.PV＞0.1000	
S64：打开 3.5MPa 蒸汽速关阀 ZS2758B（ZS2758B.OP＞0.5000）	10
起始条件（返回最后一项）：	
PINSA2739.PV＞0.1000	
S65：联锁正常后，复位（RS.OP＞0.5000）	5
S66：输入设定转速 5950（VX.OP＝5950.0000）	5
S3：在 K201 出口处通入氢气，系统升至 0.22MPa（VX1D201.OP＞0.5000）	2
S4：稳定氢气压力为 0.23MPa 左右，启动 K201 进行氢循环	2

（JSYVX.PV＞20.0000）

起始条件（返回最后一项）：

PIC2025.PV＞0.1800

7.3.3 余热锅炉开工，反应系统升温

过程起始条件：无

过程终止条件：无 分数

S1：启动空冷

A201〔Add（PIA201A.PV，PIA201B.PV，PIA201C.PV，PIA201D.PV）＞ 5
1.5000〕

S2：投用水冷 E203（VX1E203.OP＞0.5000） 5

S3：投用水冷 E202（VX1E202.OP＞0.5000） 5

Q7：打开除盐水进 D501 控制阀 FV5003，使 D501 保持在 50% 左右 5
（LIC5001.PV＝50.0000）

质量指标

上偏差：30.0000，最大上偏差：30.0000

下偏差：30.0000，最大下偏差：30.0000

起始条件（返回最后一项）：

LIC5001.PV＞＝40.0000

S9：打开泵 P501 的入口阀（VIP501A.OP＞0.5000） 2

S10：液位大于 10% 启动汽包泵 P501A 或 B（PIP501A.PV＞0.5000） 2

起始条件（与）：

LIC5001.PV＞10.0000

VIP501A.OP＞0.5000

S11：打开泵 P501 的出口阀（VOP501A.OP＞0.5000） 2

S12：打开泵 P501 的入口阀（VIP501B.OP＞0.5000） 2

S13：液位大于 10% 启动汽包泵 P501A 或 B（PIP501B.PV＞0.5000） 2

起始条件（与）：

LIC5001.PV＞＝10.0000

VIP501B.OP＞0.5000

S14：打开泵 P501 的出口阀（VOP501B.OP＞0.5000） 2

S15：打开 D502 的进水阀（VX1D502.OP＞0.5000） 2

Q17：维持 D502 液位为 50%（LIC5003.PV＝50.0000） 5

质量指标

上偏差：10.0000，最大上偏差：10.0000

下偏差：10.0000，最大下偏差：10.0000

起始条件（返回最后一项）：

LIC5003.PV＞40.0000

S18：打开泵 P502 的入口阀（VIP502A.OP＞0.5000）	2
S19：启动 D502 的热水循环泵 P502A 或 B（PIP502A.PV＞0.5000）	2

起始条件（返回最后一项）：

LIC5003.PV＞10.0000

S20：打开泵 P502 的出口阀（VOP502A.OP＞0.5000）	2
S21：打开泵 P502 的入口阀（VIP502B.OP＞0.5000）	2
S22：启动 D502 的热水循环泵 P502A 或 B（PIP502B.PV＞0.5000）	2

起始条件（返回最后一项）：

LIC5003.PV＞10.0000

S23：打开泵 P502 的出口阀（VOP502B.OP＞0.5000）	2
S24：打开泵 PK501A 的入口阀（VIPK501A.OP＞0.5000）	2
S26：打开泵 PK501A 的出口阀（VOPK501A.OP＞0.5000）	2
S25：启动泵 PK501A（PIPK501A.PV＞0.5000）	2

起始条件（与）：

VIPK501A.OP＞0.5000

VOPK501A.OP＞0.5000

S27：或者打开泵 PK501 的入口阀（VIPK501B.OP＞0.5000）	2
S29：或者打开泵 PK501 的出口阀（VOPK501B.OP＞0.5000）	2
S28：或者启动热水循环泵 PK501B（PIPK501B.PV＞0.5000）	2

起始条件（与）：

VOPK501B.OP＞0.5000

VIPK501B.OP＞0.5000

S30：开 PIC2522A，控制四合一炉炉膛负压−20kPa 到−50kPa（PIC2522A.PV＜−15.0000）	5
S31：开 PIC2529A，控制四合一炉炉膛负压−20kPa 到−50kPa（PIC2529A.PV＜−15.0000）	5
S32：打开 F201 吹扫蒸汽（VX4F201.OP＞0.5000 AFTER 2）	5
S33：分析合格后，关闭吹扫蒸汽（VX4F201.OP＜0.5000 AFTEREND）	5
S34：打开 F202 吹扫蒸汽（VX4F202.OP＞0.5000 AFTER 2）	5
S35：分析合格后，关闭吹扫蒸汽（VX4F202.OP＜0.5000 AFTEREND）	5
S36：打开 F203 吹扫蒸汽（VX4F203.OP＞0.5000 AFTER 2）	5
S37：分析合格后，关闭吹扫蒸汽（VX4F203.OP＜0.5000 AFTEREND）	5
S38：打开 F204 吹扫蒸汽（VX4F204.OP＞0.5000 AFTER 2）	5
S39：分析合格后，关闭吹扫蒸汽（VX4F204.OP＜0.5000 AFTEREND）	5
S40：现场打开 F201 风门（VX3F201.OP＞0.5000）	2
S41：现场打开 F202 风门（VX3F202.OP＞0.5000）	2
S42：现场打开 F203 风门（VX3F203.OP＞0.5000）	2
S43：现场打开 F204 风门（VX3F204.OP＞0.5000）	2

S45：打开 F201 长明灯炉前手阀（VI1F201.OP＞0.5000）	5
S46：打开 F202 长明灯炉前手阀（VI1F202.OP＞0.5000）	5
S47：打开 F203 长明灯炉前手阀（VI1F203.OP＞0.5000）	5
S48：打开 F204 长明灯炉前手阀（VI1F204.OP＞0.5000）	5
S49：打开 F201 燃料气炉前手阀（VI2F201.OP＞0.5000）	5
S50：打开 F202 燃料气炉前手阀（VI2F202.OP＞0.5000）	5
S51：打开 F203 燃料气炉前手阀（VI2F203.OP＞0.5000）	5
S52：打开 F204 燃料气炉前手阀（VI2F204.OP＞0.5000）	5
S53：复位截止阀 UV2010（UV2010.OP＞0.5000）	2
S54：复位截止阀 UV2011（UV2011.OP＞0.5000）	2
S55：当炉膛为负压时，F201 进点火棒（F201VI.OP＞0.5000）	2
S56：当炉膛为负压时，F202 进点火棒（F202VI.OP＞0.5000）	2
S57：当炉膛为负压时，F203 进点火棒（F203VI.OP＞0.5000）	2
S58：当炉膛为负压时，F204 进点火棒（F204VI.OP＞0.5000）	2
S59：缓慢开大 PIC2151，建立去 F201 燃烧气流量（PIC2151.OP＞0.5000）	2
S60：缓慢开大 PIC2159，建立去 F202 燃烧气流量（PIC2159.OP＞0.5000）	2
S61：缓慢开大 PIC2163，建立去 F203 燃烧气流量（PIC2163.OP＞0.5000）	2
S62：缓慢开大 PIC2167，建立去 F204 燃烧气流量（PIC2167.OP＞0.5000）	2
S63：逐渐开大 F201 燃料气阀门，提高一反入口温度达到370℃（TIC2014.PV＞369.0000）	2
S64：逐渐开大 F202 燃料气阀门，提高二反入口温度达到370℃（TIC2019.PV＞369.0000）	2
S65：逐渐开大 F203 燃料气阀门，提高三反入口温度达到370℃（TIC2024.PV＞369.0000）	2
S66：逐渐开大 F204 燃料气阀门，提高四反入口温度达到370℃（TIC2029.PV＞369.0000）	2

分组关系：组1||组2，组3||组4，组5||组6

7.3.4 重整进料

过程起始条件（与）：

TIC2014.PV＞370.0000

TIC2019.PV＞370.0000

TIC2024.PV＞370.0000

TIC2029.PV＞370.0000

过程终止条件：无	分数
S1：复位重整进料阀截止阀（UV2001.OP＞0.5000）	2
S2：关闭进料去开工旁路阀（VI3P201.OP＜0.5000）	2
S53：打开 UV2001 后进料现场阀（VX1UV2001.OP＞0.5000）	5

S13：逐步控制重整进料达到70%负荷（仿真时间不小于3min，不大于10min）（FI2001.PV>0.5000 AFTER 180）　5

S3：逐步控制重整进料达到70%负荷（FI2001.PV>40000.0000 AFTEREND）　2

S4：打开泵P201的入口阀（VIP201A.OP>0.5000）　2

S5：当D201达到10%时，启动P201A或B（PIP201A.PV>0.5000）　2

起始条件（与）：

LIC2001.PV>10.0000

VIP201A.OP>0.5000

S6：打开泵P201出口阀（VOP201A.OP>0.5000）　2

S7：打开泵P201的入口阀（VIP201B.OP>0.5000）　2

S8：当D201达到10%时，启动P201A或B（PIP201B.PV>0.5000）　2

起始条件（与）：

LIC2001.PV>10.0000

VIP201B.OP>0.5000

S9：打开泵P201出口阀（VOP201B.OP>0.5000）　2

S10：打开D201液控阀FV2004（FV2004.OP>0.5000）　2

S11：将重整生成油由P201经FIC2004引向D204（VI1P201.OP>0.5000）　2

Q12：控制D201液位在40%到60%（LIC2001.PV=50.0000）　0

质量指标

上偏差：10.0000，最大上偏差：10.0000

下偏差：10.0000，最大下偏差：10.0000

起始条件（返回最后一项）：

LIC2001.PV>40.0000

S17：开启C201液控阀门打至重整开工线（FV2017.OP>0.5000）　2

S19：进油后一反入口温度达到370℃（TIC2014.PV>370.0000 AFTER 180）　2

S20：将一反入口温度提高到480℃（TIC2014.PV>480.0000 AFTEREND）　2

S21：进油后二反入口温度达到370℃（TIC2019.PV>370.0000 AFTER 180）　2

S22：将二反入口温度提高到480℃（TIC2019.PV>480.0000 AFTEREND）　2

S23：进油后三反入口温度达到370℃（TIC2024.PV>370.0000 AFTER 180）　2

S24：将三反入口温度提高到480℃（TIC2024.PV>480.0000 AFTEREND）　2

S25：进油后四反入口温度达到370℃（TIC2029.PV>370.0000 AFTER 180）　2

S26：将四反入口温度提高到480℃（TIC2029.PV>480.0000 AFTEREND）　2

S27：将一反入口温度提高到500℃（TIC2014.PV>495.0000）　2

S28：将二反入口温度提高到500℃（TIC2019.PV>495.0000）　2

S29：将三反入口温度提高到500℃（TIC2024.PV>495.0000）　2

S30：将四反入口温度提高到500℃（TIC2029.PV>495.0000）　2

S31：将重整进料量升高到正常量60t/h（FI2001.PV>60000.0000）　2

Q33：控制一反入口温度516℃（TIC2014.PV=516.0000）　5

质量指标

上偏差：15.0000，最大上偏差：15.0000

下偏差：15.0000，最大下偏差：15.0000

起始条件（返回最后一项）：

TIC2014.PV＞505.0000

Q34：控制二反入口温度516℃（TIC2019.PV＝516.0000）　　　　　　　5

质量指标

上偏差：15.0000，最大上偏差：15.0000

下偏差：15.0000，最大下偏差：15.0000

起始条件（返回最后一项）：

TIC2019.PV＞505.0000

Q35：控制三反入口温度516℃（TIC2024.PV＝516.0000）　　　　　　　5

质量指标

上偏差：15.0000，最大上偏差：15.0000

下偏差：15.0000，最大下偏差：15.0000

起始条件（返回最后一项）：

TIC2024.PV＞505.0000

Q36：控制四反入口温度516℃（TIC2029.PV＝516.0000）　　　　　　　5

质量指标

上偏差：15.0000，最大上偏差：15.0000

下偏差：15.0000，最大下偏差：15.0000

起始条件（返回最后一项）：

TIC2029.PV＞505.0000

S45：确认D501压力升到3.2MPa左右（PIC5002.PV＞3.0000）　　　　　2

Q46：控制D501产中压蒸汽温度稳定在380℃到420℃（TIC5001.PV＝400.0000）　5

质量指标

上偏差：30.0000，最大上偏差：30.0000

下偏差：30.0000，最大下偏差：30.0000

起始条件（返回最后一项）：

TIC5001.PV＞380.0000

分组关系：组5 ‖ 组6

7.3.5　再接触开车

过程起始条件：无

过程终止条件：无　　　　　　　　　　　　　　　　　　　　　　　　分数

S1：打开UV2004（UV2004.OP＞0.5000）　　　　　　　　　　　　　　2

S3：打开UV2006（UV2006.OP＞0.5000）　　　　　　　　　　　　　　5

S2：打开UV2005（UV2005.OP＞0.5000）　　　　　　　　　　　　　　5

S11：投用 E202（VX1E202.OP＞0.5000）	5
S10：打开 K202A 进出口阀（Add（VIK202A.OP，VOK202B.OP）＞1.5000）	5
S13：或者打开 K202B 进出口阀（Add（VIK202B.OP，VOK202B.OP）＞0.5000）	5
S12：或者打开 K202C 进出口阀（Add（VIK202C.OP，VOK202C.OP）＞0.5000）	5
S4：当 D201 压力上升时，启动 K202A 或 B 或 C〔Add（PIK202A.PV，PIK202B.PV，PIK202C.PV）＞0.5000〕	2
S8：调节 K202C 负荷〔Add（RATK202A.OP，RATK202B.OP，RATK202C.OP）＞0.5000〕	5
S6：缓慢打开 P201 去 D204 调节阀（FV2004.OP＞0.5000）	10
S7：关 P201 去 C201 旁路阀（VI1P201.OP＜0.5000）	2
S9：D204 液位达到 30% 时，打开 D204 液控阀 FV2008（FV2008.OP＞0.5000）	2

起始条件（返回最后一项）：

LIC2011.PV＞=30.0000

S5：在反应提温提量后，视情况启用第二台增压机（Add（PIK202A.PV，PIK202B.PV，PIK202C.PV）＞1.5000）	10

分组关系：组 1 ‖ 组 2 ‖ 组 3

7.3.6 调整至正常

过程起始条件（返回最后一项）：

FI2001.PV＞60000.0000 DELAY 300

过程终止条件：无

	分数
Q5：调节反应压力至正常 0.23MPa（PIC2025.PV=0.2300）	10

质量指标

上偏差：0.3000，最大上偏差：0.3000

下偏差：0.3000，最大下偏差：0.3000

Q6：维持 D201 液位正常（LIC2001.PV=50.0000）	10

质量指标

上偏差：10.0000，最大上偏差：10.0000

下偏差：10.0000，最大下偏差：10.0000

Q11：维持 D204 液位正常（LIC2011.PV=50.0000）	10

质量指标

上偏差：10.0000，最大上偏差：10.0000

下偏差：10.0000，最大下偏差：10.0000

Q12：维持 D205 液位正常（LIC2013.PV=50.0000）	10

质量指标

上偏差：10.0000，最大上偏差：10.0000

下偏差：10.0000，最大下偏差：10.0000

Q15：调整 C201 压力正常 0.98～1.18 之间（PIC2064.PV=1.1000）	10

质量指标

上偏差：0.0800，最大上偏差：0.1000

下偏差：0.0800，最大下偏差：0.1000

Q16：调整 C201 液位正常（LIC2016.PV＝50.0000）　　　　　　　　　　　10

质量指标

上偏差：10.0000，最大上偏差：10.0000

下偏差：10.0000，最大下偏差：10.0000

Q17：调整 D206 液位正常（LIC2017.PV＝50.0000）　　　　　　　　　　　10

质量指标

上偏差：10.0000，最大上偏差：10.0000

下偏差：10.0000，最大下偏差：10.0000

Q21：调整 C202 液位正常（LIC2022.PV＝50.0000）　　　　　　　　　　　10

质量指标

上偏差：5.0000，最大上偏差：5.0000

下偏差：5.0000，最大下偏差：5.0000

Q20：调整 D207 液位正常（LIC2026.PV＝50.0000）　　　　　　　　　　　10

质量指标

上偏差：5.0000，最大上偏差：5.0000

下偏差：5.0000，最大下偏差：5.0000

Q19：调整 C202 压力正常 0.8～1.2（PIC2072.PV＝1.1000）　　　　　　　10

质量指标

上偏差：0.1000，最大上偏差：0.1000

下偏差：0.3000，最大下偏差：0.1000

Q23：调整炉子负压至正常－20 到－40（PIC2513.PV＝－20.0000）　　　　10

质量指标

上偏差：10.0000，最大上偏差：5.0000

下偏差：30.0000，最大下偏差：5.0000

Q24：调整炉子氧含量至正常（AIC2503.PV＝4.0000）　　　　　　　　　　10

质量指标

上偏差：1.0000，最大上偏差：3.0000

下偏差：2.0000，最大下偏差：1.0000

Q25：调整炉子负压至正常－20 到－40（PIC2522A.PV＝－20.0000）　　　10

质量指标

上偏差：10.0000，最大上偏差：5.0000

下偏差：30.0000，最大下偏差：5.0000

Q26：调整炉子负压至正常－20 到－40（PIC2529A.PV＝－20.0000）　　　10

质量指标

上偏差：10.0000，最大上偏差：5.0000

下偏差：30.0000，最大下偏差：5.0000

Q1：控制中压蒸汽出装置温度 380～420（TIC5001.PV＝400.0000）   5

质量指标

上偏差：20.0000，最大上偏差：20.0000

下偏差：20.0000，最大下偏差：20.0000

Q27：控制余锅压力 3.0～3.8（PIC5002.PV＝3.4000）   10

质量指标

上偏差：0.4000，最大上偏差：0.2000

下偏差：0.4000，最大下偏差：0.2000

Q2：控制余锅液位 40～60（LIC5001.PV＝50.0000）   10

质量指标

上偏差：10.0000，最大上偏差：10.0000

下偏差：10.0000，最大下偏差：10.0000

7.3.7 扣分项

过程起始条件：无

过程终止条件：无

S1：反应温度不能高于 540℃（TIC2014.PV＞540.0000）   *－0.50

S9：进油后反应温度不能低于 300℃（TIC2014.PV＜300.0000）   *－0.50

起始条件（返回最后一项，优先）：

FI1020.PV＞100.0000

S8：反应温度不能高于 540℃（TIC2019.PV＞540.0000）   *－0.50

S2：进油后反应温度不能低于 300℃（TIC2019.PV＜300.0000）   *－0.50

起始条件（返回最后一项，优先）：

FI1020.PV＞100.0000

S3：反应温度不能高于 540℃（TIC2024.PV＞540.0000）   *－0.50

S4：进油后反应温度不能低于 300℃（TIC2024.PV＜300.0000）   *－0.50

起始条件（返回最后一项，优先）：

FI1020.PV＞100.0000

S5：反应温度不能高于 540℃（TIC2029.PV＞540.0000）   *－0.50

S10：进油后反应温度不能低于 300℃（TIC2029.PV＜300.0000）   *－0.50

起始条件（返回最后一项，优先）：

FI1020.PV＞100.0000

S6：反应系统不能超过 0.28MPa（PIC2025.PV＞0.2800）   *－0.50

S7：重整 A201 冷后温度不能超过 40℃（TIC2033.PV＞40.5000）   *－0.50

S11：进油后循环氢流量不能低于 21000（FI2003.PV＜21000.0000）   *－1.00

起始条件（返回最后一项，优先）：

FI1020.PV＞100.0000

S12：再接触压力不能高于 2.8MPa（PIC2043.PV＞2.8000）　　　　＊－0.50

S13：余锅不能超压 3.8MPa（PIC5002.PV＞3.8000）　　　　　　　＊－0.10

S14：氨冷冷后温度不能超过 8℃（TI2050.PV＞8.0000）　　　　　　－0.5

起始条件（返回最后一项，优先）：

FI1020.PV＞100.0000

S15：D203 液位不能高于 90（LIC2004.PV＞90.0000）　　　　　　　＊－0.50

S17：D204 压力不能高于 2.8MPa（PIC2043.PV＞2.8000）　　　　　＊－0.50

第8章 连续重整装置工艺考核

8.1 连续重整工艺现场问答

(1) 加氢精制的定义是什么?

加氢精制指在氢压和催化剂存在下,使油品中的硫、氧、氮转变为相应的硫化氢、水、氨除去,并使烯烃和二烯烃加氢饱和、芳烃部分加氢饱和,金属被截留在催化剂内,以改善油品的质量。

(2) 分馏塔压力波动的原因有哪些?

① 进料或塔顶回流量波动;

② 进料或塔顶回流带水;

③ 冷后温度改变;

④ 进料组分发生改变;

⑤ 燃料气管网波动造成塔底温度改变。

(3) 如何调节反应进料量?

调整进料严格按"先提量后提温,先降温后降量"的原则,当进料量增加时,应适当提高精制入口温度,一般提量后应等待前一股经过一个床层后,反应热量已经均匀释放,可以通过下一床层入口冷氢加以控制,避免超温。

(4) 影响反应系统压力的因素有哪些?如何影响?

① 反应温度:温度高,反应深度大,耗氢量增加,压力下降。

② 新氢:新氢进装量或新氢机故障导致压力波动。

③ 进料量:进料量增加,耗氢量增大,压力下降。

④ 原料性质:原料含水量增加,压力上升;原料硫、氮含量及溴价高,压力下降。

(5) 影响异构化反应器出、入口压差变化的原因是什么?

催化剂结焦;催化剂破碎多;新装置施工或停工检修后,系统没有冲洗吹扫干净;将其他杂物带入反应器造成压差增大;原料带水。

(6) 溴价的定义是什么?

溴价是衡量有机物中不饱和烃含量的一个指标,溴价越高,则说明样品中不饱和烃含量越高，即不饱和度越高。

(7) 反应空速对异构化反应有何影响？

烷烃异构化反应是正构烷烃在催化剂的作用下脱氢、分子内重排、加氢的过程，反应速率较低。因此，异构化反应要求较低的反应空速。对于超强酸异构化催化剂，适宜的质量反应空速范围为 $1.0 \sim 2.0 h^{-1}$。

(8) 氢油比对异构化反应有何影响？

氢油比对异构化反应的影响甚微，但对催化剂生焦（失活）速率的影响大。氢油比降低，催化剂生焦速率加快；氢油比提高，催化剂的生焦速率降低。对于超强酸异构化催化剂，适宜的氢油比范围为：$1.0 \sim 2.0$（摩尔比）。

(9) 重整原料终馏点高对催化剂有何影响？

重整原料一般控制终馏点不大于 180℃，当终馏点过高时，进料中的大分子烃类含量大，易发生裂解，同时产生缩合生炭反应，促使催化剂积炭加快，影响运转周期。另外还有可能造成重整稳定汽油产品终馏点超高而产品质量不合格。

(10) 在生产过程中，如何保护好重整催化剂？

① 操作平稳，反应温度、压力没有大的波动；
② 严格控制重整原料中的杂质含量，确保符合工艺指标；
③ 在循环氢压缩机停机时，加热炉熄火，停止重整进料；
④ 空速不能过低；
⑤ 氢油比不能太小；
⑥ 做好水-氯平衡工作。

(11) 影响稳定塔塔顶温度的因素有哪些？

① 塔顶回流量及温度；
② 回流是否带水；
③ 进料量及进料温度；
④ 进料的性质（组分变化）；
⑤ 塔顶压力。

(12) 为何重整催化剂必须具备双功能作用？

重整催化剂必须具备金属性和酸性两种功能，包括几种不同类型的反应。

① 脱氢反应，要求催化剂由金属功能来促进脱氢、加氢反应。
② 裂化、异构化反应，要求催化剂有酸性功能，以促进裂化、异构化反应。
③ 烷烃脱氢环化转化成芳烃的反应，它必须在金属中心与酸性中心交替进行反应。

(13) 溶剂降解的原因及如何判断循环溶剂质量的好坏？

原因：装置真空系统泄漏，使空气进入系统中；抽提进料中含有活性氧，溶剂遇氧或高温分解，生成组分复杂的降解产物。

溶剂质量的好坏可由溶剂的 pH 值、颜色、灰分来分析判断。

(14) 第一溶剂、第二溶剂、第三溶剂的作用分别是什么？

① 第一溶剂：自回收塔与溶剂再生塔来的再生后的贫溶剂，承担对抽提塔洗芳烃的主要任务。

② 第二溶剂：当抽提塔来的富溶剂中烃含量过高时，选择性下降，非芳烃与芳烃分离困难，引入第二溶剂在汽提塔进料前混合，改善非芳烃分离效果。

③ 第三溶剂：抽提进料芳烃含量较多的情况下，抽提塔塔顶溶解负荷过大，对芳烃溶解不足，使芳烃带入水洗塔，造成非芳烃污染，在抽提进料入塔前引入第三溶剂，使进料提前与溶剂混合，增加提纯效果。

（15）预加氢工段停电处理步骤是怎样的？

① 关反应加热炉、分馏塔重沸炉燃料气阀门；

② 关高分减油、切水阀门，反应注水阀门；

③ 关脱氧塔、脱硫塔塔底重沸器蒸汽给汽阀门，关脱氧塔、脱硫塔、分馏塔放火炬阀门；

④ 关石脑油进料阀门，关液化气、精制石脑油出装置阀门；

⑤ 关各压缩机入、出口阀门，开放火炬机体泄压；

⑥ 恢复各机泵到备用状态。

（16）重整反应工段停电处理步骤是怎样的？

① 立即将 F201～F204 熄火，现场关燃料气阀门。加强巡检，防止反应系统降温过快导致氢气泄漏。

② 锅炉产汽系统切出管网，蒸汽改现场放空。

③ 停重整进料，反应系统和再接触系统保压，D201 压力高改放火炬。

④ 关闭 P201 泵出口阀，稳定塔进、出料阀门，防止串压。

⑤ 关闭稳定塔、脱戊烷塔、脱庚烷塔重沸器汽源，各塔保压、保液位。

⑥ 停氢气及各产品外送，停系统注氯。

⑦ 关闭各压缩机出、入口阀，压缩机机体泄压，各机泵恢复备用状态，等待开工。

（17）抽提工段停电处理步骤是怎样的？

① 关闭各再沸器蒸汽阀门，打开蒸汽导淋防存水；

② 关闭塔连通调节阀防止串压，控制各塔罐液位，各塔保压、保液位；

③ 关闭回收塔汽提汽，控制回收塔为负压；

④ 长时间停车要把溶剂、水等易冻凝部分物料放出装置防止冻凝。

8.2 连续重整工艺线上答题

线上答题流程如后文图片所示。

8.3 连续重整工艺仿真测验

仿真测验流程如后文截图所示。

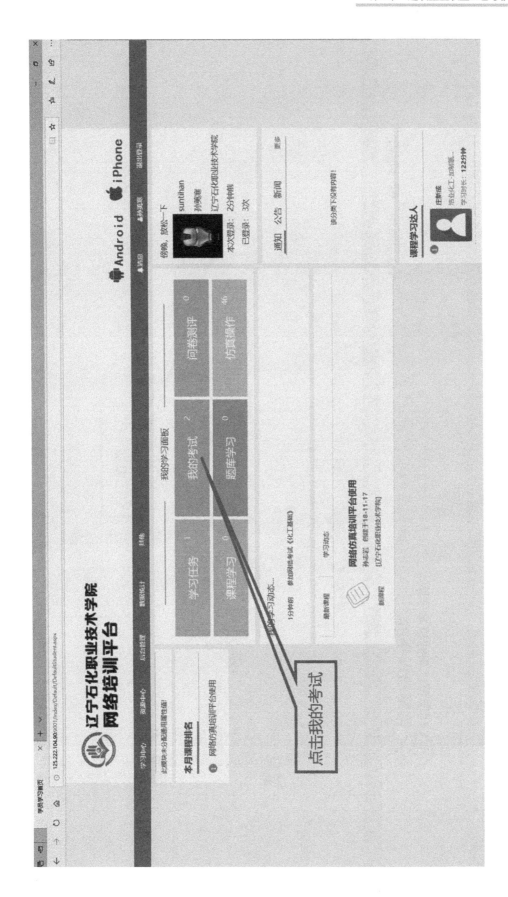

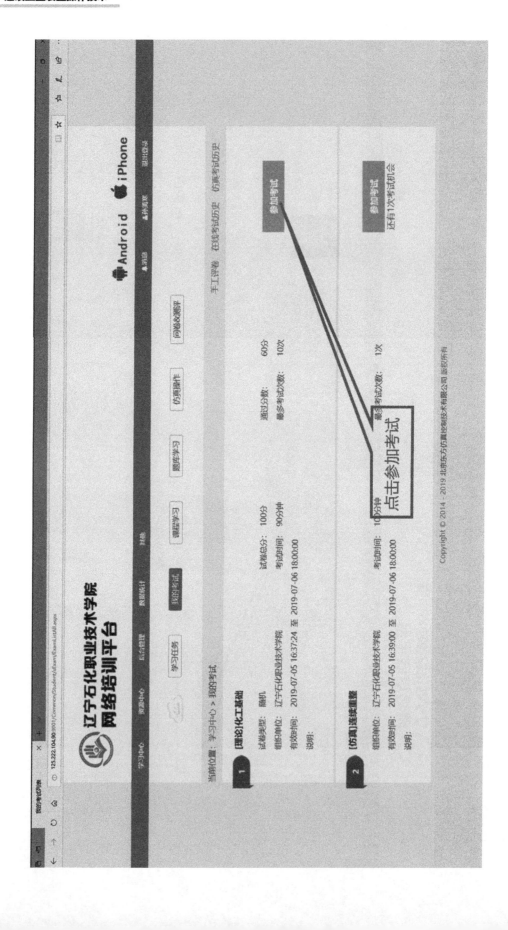

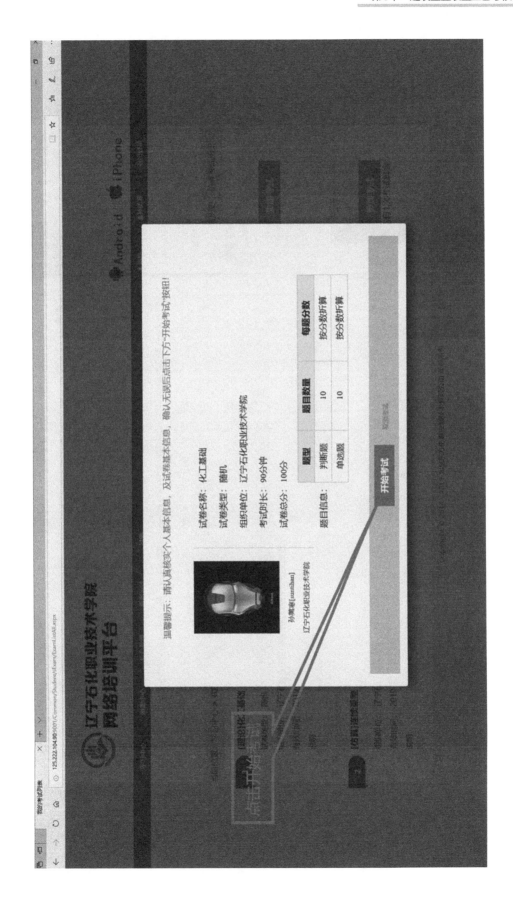

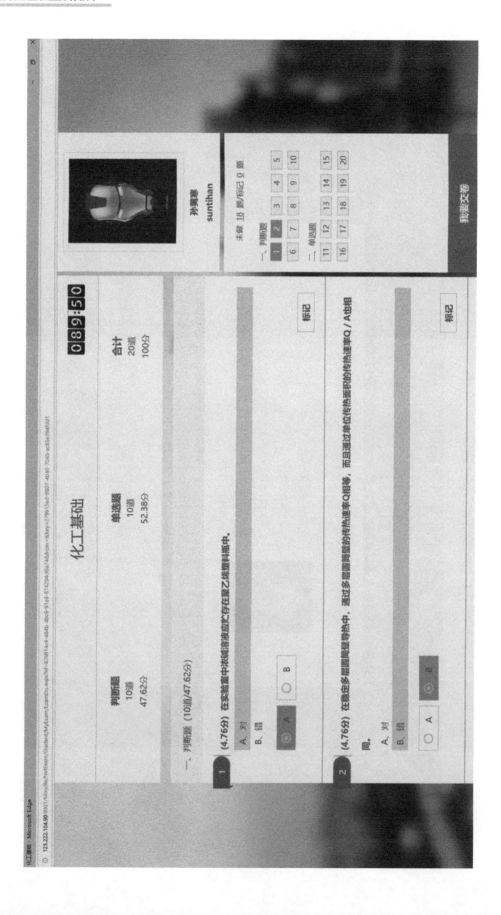

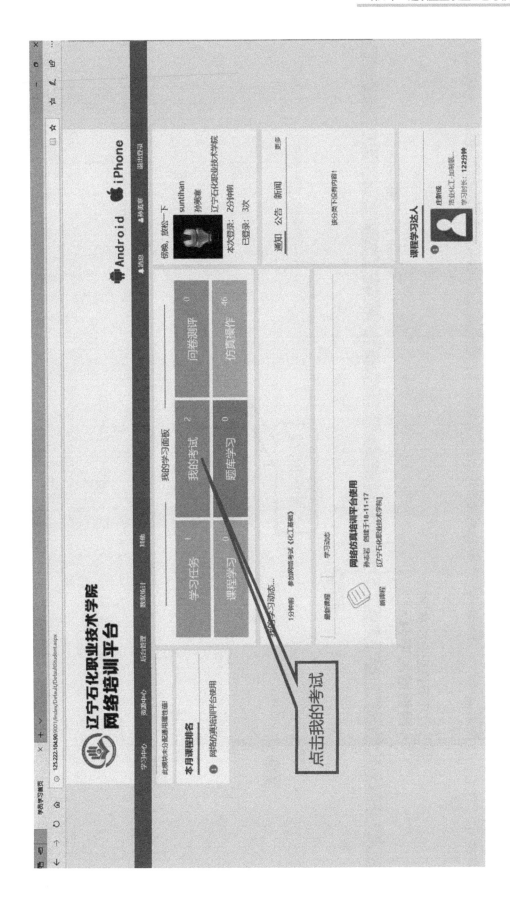

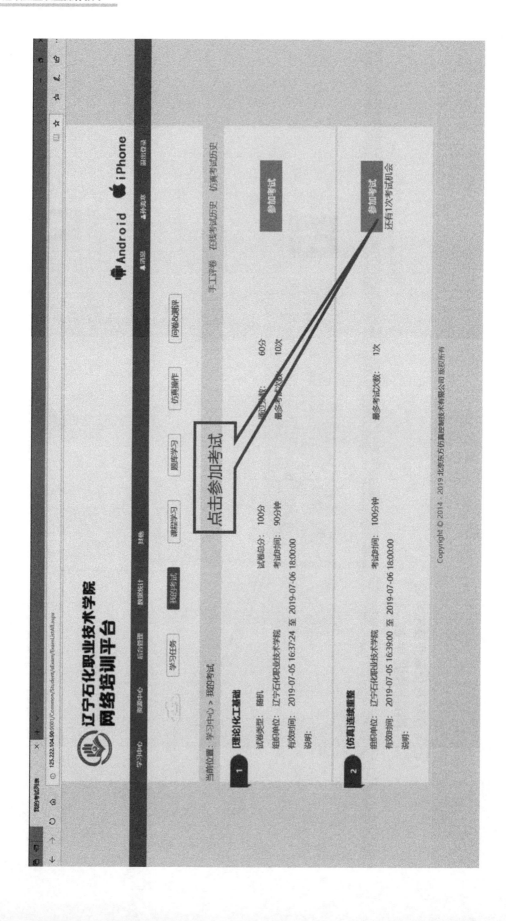

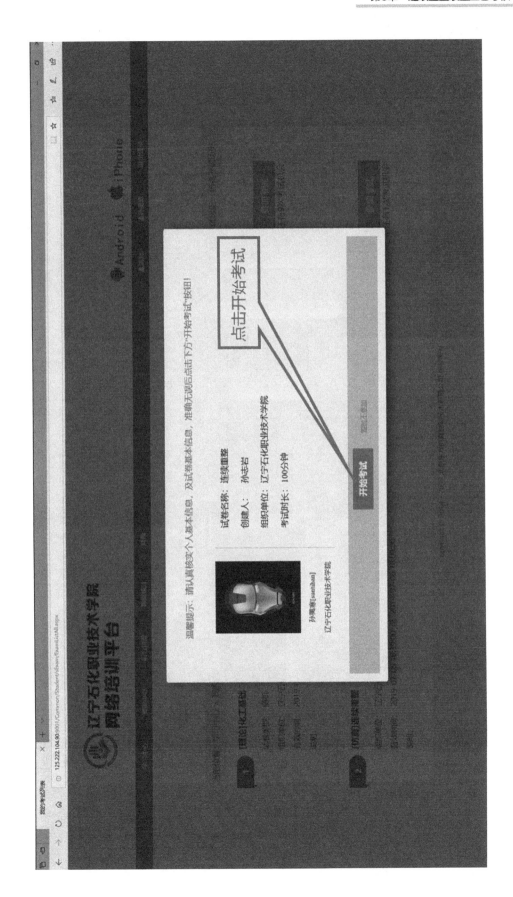

连续重整装置操作技术

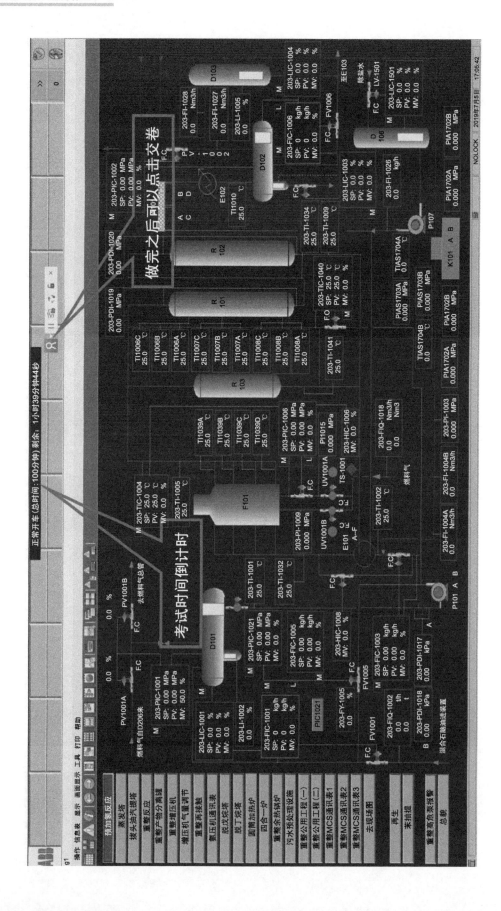

附 录

1 重整循环氢压缩机（ST111-K-201）机组主要技术参数

1.1 压缩机主要技术参数

工况			正常 A	正常 B	氮气工况
介质			循环氢	循环氢	氮气
进口条件	进口流量	Nm³/h	149367	149367	119367
	进口压力	MPa(abs)	0.24	0.24	0.235
	进口温度	℃	40	40	40
	分子量		11.21	8.06	28
出口条件	出口流量	Nm³/h	149367	149367	119367
	排气压力	MPa(abs)	0.6	0.6	0.6
	排气温度	℃	100.4	103.6	140.6
	分子量		11.21	8.06	28
轴功率		kW	4701	4525	4362
主轴转速		r/min	5960	6674	4092
多变效率(%)			80.5	85.4	77.1
最大连续转速		r/min	7008		
跳闸转速		r/min	7708		

1.2 型号为 BH32/01 背压式汽轮机主要技术参数

项目	单位	数据
进汽压力	MPa	3.6(3.2～3.8)
进气温度	℃	435(390～440)
排气压力	MPa	1.1
排气温度	℃	420
蒸汽流量(正常)	t/h	76.5

续表

项目	单位	数据
蒸汽流量	t/h	76.5
正常功率	kW	4701
额定功率	kW	5171
最大连续转速	r/min	7008
最小连续转速	r/min	4672
电子跳闸转速	r/min	7658
机械跳闸转速	r/min	7638～7779
转向	从汽轮机进气端看为顺时针	

1.3 润滑油系统主要技术参数

名称		系统参数	备注
润滑油牌号		GB11120-89 N46 透平油	
输出油量		250L/min(正常) 330L/min(瞬时)	40℃时黏度为 46mm^2/s(Pa·s)
油压(润滑油/调节油)		0.25/0.85	
公称容积/m^3		9	
最高油位/m		0.9	
最低油位/m		0.6	
输出油压		1.5MPa	
油泵(螺杆泵)	流量		
	油压	1.5MPa	
	电机功率	30kW	
油冷器	油温	<55℃	
	水温	32℃	
	耗水量	68.58t/h×2	
滤油器	过滤精度	10μm	压差超过0.15MPa(G)时应更换滤芯
高位油箱	容积	1.5m^3	
	维持时间	8min	

1.4 干气密封系统主要技术参数

项目	单位	数据
工艺气体流量	m^3/h	46
工艺气体压力	MPa(G)	0.55
工艺气体温度	℃	97.5
氮气流量	m^3/h	68
氮气压力	MPa(G)	3.0
氮气温度	℃	常温

1.5　机组允许开机条件

① 润滑油总管油温度正常≥35℃；

② 润滑油总管压力正常≥0.25MPa（G）；

③ 汽轮机速关阀全开；

④ 盘车停止；

⑤ 中控室允许启动；

⑥ 一级密封气与平衡管压差≥0.05MPa。

1.6　机组允许盘车条件

项目	单位	给定值	备注
润滑油压力	MPa	≥0.25	允许
机组转速		≤0	
速关阀回讯		全关	

1.7　机组报警、联锁项目及设定值

对象及用途	报警值	停机值	备注
润滑油总管压力	L≤0.18MPa	LL≤0.1MPa	启动备用油泵
汽轮机调节油压力	L≤0.65MPa	LL≤0.55MPa	启动备用油泵
汽轮机排汽压力	H≥1.3MPa(G)		
汽轮机排汽压力	L≤0.9MPa(G)	LL≤0.85MPa(G)	
后置密封隔离气压力	L≤0.25MPa		禁启动润滑油泵
一、二级密封气过滤器压差	H≥0.04MPa		
一级密封气/平衡管压差	L≤0.05MPa		
低压端一级放火炬孔板前后压差	H≥0.02MPa	HH≥0.087MPa	
高压端一级放火炬孔板前后压差	H≥0.02MPa	HH≥0.087MPa	
一级密封放火炬气流量	L≤4Nm³/h		
一级密封放火炬气流量	H≥19Nm³/h	HH≥38Nm³/h	
压缩机轴振动	H≥63.5μm	HH≥88.9μm	
汽轮机轴振动	H≥72μm	HH≥100μm	
压缩机轴位移	H≥±0.5mm	HH≥±0.7mm	二取二
汽轮机轴位移	H≥±0.4mm	HH≥±0.6mm	二取二
压缩机轴承温度	H≥105℃	HH≥115℃	
汽轮机轴承温度	H≥100℃	HH≥110℃	
润滑油冷却后温度	H≥55℃		
润滑油油箱液位	L≤720mm		距下法兰中心面
润滑油过滤器压差	H≥0.15		
汽轮机调节油总管压力	L≤0.65		
汽轮机转速		HH≥7568r/min	三取二

1.8 油泵自启动

项目	给定值	备注
密封隔离气压力	≥0.25MPa	允许启动润滑油泵
压缩机润滑油总管压力	≤0.18MPa	自启动辅油泵
汽轮机控制油压力	≤0.65MPa	自启动辅油泵
润滑油压力	≥0.4MPa	手动停辅油泵

2 重整氢增压机（ST112-K-202）机组主要技术参数

2.1 压缩机组主要技术参数

工况	额定工况		正常工况 A		正常工况 B		氮气工况	
介质	重整氢		重整氢		重整氢		氮气	
	一段	二段	一段	二段	一段	二段	一段	二段
进口流量	81880.4	80513.6	64067	62928	64067	62928	42500	42500
进口压力	0.51	1.157	0.51	1.14	0.51	1.14	0.328	0.873
进口温度/℃	40	40	40	40	40	40	40	40
平均分子量	11.74	10.49	11.74	10.49	8.003	7.051	28	28
出口压力	1.18	2.3	1.166	2.3	0.67	1.256	0.895	2.26

型号		VSMC608＋VSMC609 离心压缩机(ST112-K-202)	
项目	单位	VSMC608（低压缸）	VSMC609（高压缸）
压缩比		2.51	2.074
正常转速	r/min	7085	
最大连续转速	r/min	8671	
原动机功率	kW	5313	

2.2 凝汽式汽轮机以及新蒸汽主要技术参数

新蒸汽主要技术参数：

工况\项目	新蒸汽压力/MPa(A)	新蒸汽温度/℃	新汽流量/(t/h)	排汽压力/MPa(A)	功率/kW	转速/(r/min)
额定点	3.6	420	63.8	0.01	9710	7565
最大	3.8	440		0.01	9710	7015
最小	3.2	390	70.5	0.01	9710	6870

型号为 HS33022 凝汽式汽轮机主要技术参数：

项目	单位	数值
进汽压力	MPa(abs)	3.6
进汽温度	℃	420
排气压力	MPa(abs)	1.1

续表

项目	单位	数值
排气温度	℃	50
蒸汽流量（额定）	t/h	90.5
正常功率	kW	5845
额定功率	kW	5815
额定转速	r/min	8258
最大连续转速	r/min	7943
一阶临界转速	r/min	3650
机械跳闸转速	r/min	8657~8816
电子跳闸转速	r/min	8578
转向	从汽轮机进气端看为顺时针旋转	

2.3 润滑油系统主要技术参数

名称		系统参数	备注
润滑油牌号		N46 透平油	40℃时的黏度为46mm²/s(Pa·s)
输出油量		86.442m³/h	
油压（控制油/润滑油）		0.85/0.25(MPa)	
油箱有效容积		5m³	
输出油压		1.5MPa	
最高油位			
最低油位			
油泵（螺杆泵）	流量		
	油压	1.5MPa	
	电机功率		
滤油器	过滤精度	10μm	
油冷器	油温	<55℃	
	水温	32℃	
	耗水量		
高位油箱	容积	2m³	
	维持时间	8min	

2.4 干气密封系统主要技术参数

项目	单位	参考数值	
		低压缸	高压缸
工艺气体流量	Nm³/h	46	90
工艺气体压力	MPa(G)	0.617	1.29
工艺气体温度	℃	113.8	112.3

续表

项目		单位	参考数值	
			低压缸	高压缸
中压	氮气流量	Nm³/h	68	68
	氮气压力	MPa(G)	3.0	3.0
	氮气温度	℃	25	25
低压	氮气流量	Nm³/h	96	96
	氮气压力	MPa(G)	0.6	0.6
	氮气温度	℃	25	25

2.5 蒸汽冷凝系统主要技术参数

凝汽器：

凝结水泵(2台)	水泵型号		6N6A	
	电机功率		30kW	
凝汽器	型号		N-1400-4	
	冷却面积		1400m²	
	冷却水耗量		4500t/h	
抽气器	两级射气抽气器		启动抽气器	
	一级	二级		
换热面积/m²	7.5	7.5		
抽干空气量/(kg/h)	15.3		204	
工作蒸汽耗量/(kg/h)	0～350		0～630	
正常工作蒸汽压力/MPa(G)	1.0			
正常工作蒸汽温度	250℃			

2.6 机组允许开机条件

(1) 润滑油温度正常，TNS3211≥35℃。

(2) 润滑油总管压力正常，PNS3211≥0.25MPa（G）。

(3) 汽轮机速关阀 ZS3494/3496 全开。

(4) 防喘振阀 FV3121 全开。

(5) 盘车停止。

(6) 干气密封条件满足。

① 高压缸高、低压端一级泄漏气流量≥8.5m³/h；

② 中压缸高、低压端一级泄漏气流量≥8m³/h；

③ 低压缸高、低压端一级泄漏气流量≥7.5m³/h；

④ 隔离氮气压力≥0.25MPa（G）；

⑤ 一级密封气/平衡管气压差≥0.1MPa（G）。

满足上述条件后，且调速器无外部跳闸信号，K202 就地盘运行指示灯亮，调速器进入正常工作状态。

2.7 机组允许盘车条件

项目	单位	给定值	备注
润滑油压力	MPa	≥0.25	允许
机组转速		≤0	
速关阀回讯		全关	

2.8 机组报警、联锁项目及设定值

对象及用途	报警值	停机值	备注
润滑油总管压力	L≤0.18MPa	LL≤0.12MPa	启动备用油泵
汽轮机调节油压力	L≤0.65MPa		启动备用油泵
汽轮机速关油压力		LL≤0.55MPa	
汽轮机排汽压力	H≥0.04MPa	HH≥0.07MPa	
汽轮机排汽温度	H≥75℃	HH≥90℃	
压缩机高压缸高、低压端一级泄漏放火炬流量	H≥24Nm³/h	HH≥48Nm³/h	
压缩机中压缸高、低压端一级泄漏放火炬流量	H≥22Nm³/h	HH≥44Nm³/h	
压缩机低压缸高、低压端一级泄漏放火炬流量	H≥21Nm³/h	HH≥42Nm³/h	
压缩机高压缸高、低压端一级泄漏放火炬流量	L≤8Nm³/h		
压缩机中压缸高、低压端一级泄漏放火炬流量	L≤7.5Nm³/h		
压缩机低压缸高、低压端一级泄漏放火炬流量	L≤7Nm³/h		
压缩机高压缸高、低压端一级密封气流量	L≤70Nm³/h		
压缩机中压缸高、低压端一级密封气流量	L≤34Nm³/h		
压缩机低压缸高、低压端一级密封气流量	L≤17Nm³/h		
压缩机各个气缸一、二级密封气过滤器压差	H≥0.04MPa		
压缩机高、中、低压缸一级密封气与平衡管压差	L≤0.1MPa		
压缩机高、中、低压缸后置隔离密封气压力	L≤0.25MPa		
压缩机高压缸低、高压端一级放火炬孔板前压力	H≥0.15MPa	HH≥0.3MPa	
压缩机中压缸低、高压端一级放火炬孔板前压力	H≥0.15MPa	HH≥0.3MPa	
压缩机低压缸低、高压端一级放火炬孔板压差	H≥0.02MPa	HH≥0.087MPa	
压缩机轴振动	H≥63.5μm	HH≥88.9μm	
汽轮机轴振动	H≥70μm	HH≥90μm	
压缩机轴位移	H≥0.5mm	HH≥0.7mm	二取二
汽轮机轴位移	H≥0.4mm	HH≥0.6mm	二取二
压缩机轴承温度	H≥105℃	HH≥115℃	
汽轮机轴承温度	H≥95℃	HH≥105℃	
润滑油冷却后温度	H≥55℃		
润滑油过滤器压差	H≥0.15MPa		
润滑油油箱液位	≥929mm		离法兰中心面
汽轮机转速		HH≥8578r/min	三取二
汽轮机HP阀位		≥30%	二取一
汽轮机转速		LL≤500r/min	

2.9 油泵自启动

项目	给定值	备注
密封隔离气压力	≥0.25MPa	允许启动油泵
润滑油总管压力	≤0.18MPa	自启动辅油泵
汽轮机控制油压力	≤0.65MPa	自启动辅油泵
润滑油总管压力	≥0.4MPa	手动停辅油泵

2.10 凝结水泵自启动

项目	给定值	备注
汽轮机热井液位	≤+150	备用凝结水泵自启动
	≤-150	

3 预加氢循环压缩机（601-K-101A/B）机组主要技术参数

3.1 压缩机工艺运行参数

项目	单位	正常工况
介质		循环氢
流量	m³/h	18858
入口压力	MPa(abs)	2.0
入口温度	℃	43
出口压力	MPa(abs)	3.0
出口温度	℃	≤81

3.2 型号为 2D16-18.49/20-30-Bx 压缩机（对称平衡型往复式）主要技术参数

序号	项目	单位	参数值
1	级数		1
2	级别		I
3	吸入压力(气缸法兰处)	MPa(abs)	2.0
4	吸气温度	℃	43
5	排气压力(气缸法兰处)	MPa(abs)	3.0
6	排气温度	℃	81
7	缸数/级		2
8	单或双作用(SA 或 DA)		DA
9	气缸内径	mm	289
10	活塞行程	mm	280
11	转速	r/min	372
12	活塞速度	m/s	
13	缸套(有/无)		有

续表

序号	项目	单位	参数值
14	缸套公称厚度	mm	
15	活塞排量	m³/h	
16	气缸设计余隙(平均)	%	
17	容积效率(平均)	%	
18	进/排气阀	数量/缸	4/4
19	阀类型		网状阀
20	阀片升程,进口/出口		
21	活塞杆直径	mm	80
22	活塞杆最大允许连续负荷(压/拉)	kN	
23	活塞杆气体负荷(压/拉)	kN	
24	出口安全阀设定值	MPa(G)	3.3
25	轴功率	kW	313
26	润滑方式		气缸有油润滑、运动机构压力油润滑
27	传动方式		
28	气量调节方法		卸荷器调节
29	气量调节范围	%	0、50、100
30	旋转方向		从轴伸端看电机为逆时针
31	压缩机组总质量(不包括主电机)	t	12.00
32	最大检修质量	t	1.5

3.3 电动机主要技术参数

项目		参数值	单位
型号		YAKK710-16W	
防爆标记		EXeIICT4	
防护等级		IP54	
绝缘等级		F级	
额定功率		400	kW
转向		逆时针(从轴伸端看)	
额定电压		10000	V
额定电流		35	A
频率		50	Hz
转速		372	r/min
电加热器	额定电压	220	V
	额定电流		A
	频率	50	Hz
	额定功率	0.8	kW
轴承润滑		油环自润滑	
油量			L
冷却方式		IC611(全封闭冷自通风)	
安装型式			

续表

项目	参数值	单位
转子质量		kg
定子质量		kg
总质量	12010	kg
最大维修件质量(电机)	15000	t

3.4 润滑油系统主要技术参数

油站：

项目	参数值	单位
公称流量	40	L/min
公称压力	0.4	MPa
过滤精度	25	μm
供油温度	45	℃
回油温度	55	℃
冷却水耗量	7	m³/h
进水温度	33	℃
出水温度	43	℃
工作介质	L-DAA150	

油泵：

项目	参数值	单位
型号	3GR36X4	
压力	0.4	MPa
流量		L/min
转速		r/min
轴功率		kW

油泵电机：

型号	YB3-100L1-4
功率/kW	2.2
防爆标记	D②CT4

3.5 辅机系统主要技术参数

辅助容器：

项目	入口缓冲器	出口缓冲器	集液罐
设计压力/MPa	3.5	3.5	0.58
水压试验压力/MPa			
设计温度/℃	100	150	100
主体材质	20R	20R	20#
规格尺寸/(mm×mm)	φ550×2025	φ600×2087	φ289×1200

3.6 机组消耗指标（单台机组）

<table>
<tr><td rowspan="4">电</td><td>用途</td><td>电压/V</td><td>轴功率/kW</td><td>电机容量</td><td>工作方式</td></tr>
<tr><td>主电动机</td><td>1000</td><td>313</td><td>400</td><td>连续</td></tr>
<tr><td>油泵电动机</td><td>380</td><td></td><td>2.0×2</td><td>一开一备</td></tr>
<tr><td>电机空间加热器</td><td>220</td><td></td><td>0.75</td><td>连续</td></tr>
<tr><td rowspan="3">冷却水</td><td>用途</td><td>介质</td><td>单位</td><td>正常值</td><td>最大值</td><td>工作方式</td></tr>
<tr><td>润滑油冷却器</td><td>循环水</td><td>m³/h</td><td>4</td><td></td><td>连续</td></tr>
<tr><td>气缸、填料函</td><td>软化水</td><td>m³/h</td><td>7</td><td></td><td>连续</td></tr>
<tr><td rowspan="3">气体</td><td>用途</td><td>介质</td><td>单位</td><td>压力/MPa</td><td>正常值</td><td>工作方式</td></tr>
<tr><td>压缩机密封</td><td>氮气</td><td>m³/h</td><td>0.6</td><td>0.15</td><td>连续</td></tr>
<tr><td>卸荷器</td><td>净化风</td><td>m³/次</td><td>0.2</td><td>0.6</td><td>间断</td></tr>
</table>

3.7 机组允许开机条件，报警和联锁保护系统、控制系统

机组允许开机条件：

项目	仪表位号	单位	设定值	备注
供油总管压力	601-PNS-604A/B	MPa	≥0.25	允许开机
润滑油总管温度	601-TNS-615A/B	℃	>27	
压缩机出、入口阀阀为全开	ZOSO401A/B		确认	
盘车装置脱扣停止	601-ZS-601A/B		确认	
压缩机空负荷	601-SA-1A/B		确认	

机组报警、联锁项目及设定值：

项目	仪表编号	给定值	备注
润滑油压力低	601-PSL-604A/B	≤0.2MPa	自启动辅油泵
润滑油压力高		≥0.4MPa	手动停辅油泵

项目	单位	报警、联锁限	报警值	联锁值	备注
进气过滤器压差	MPa	HA	≥0.1		
左缸进气压力	MPa	LA	≤1.5		
右缸进气压力	MPa	LA	≤1.5		
左缸排气压力	MPa	HA	≥3.2		
右缸排气压力	MPa	HA	≥3.2		
左缸排气温度	℃	HA	≥100		
右缸排气温度	℃	HA	≥100		
压缩机主轴承温度	℃	HA	≥70		
	℃	HHA	≥75		
电机定子温度	℃	HA	≥150		
	℃	HHA		≥155	联锁停机

续表

项目	单位	报警、联锁限	报警值	联锁值	备注
电机主轴承温度	℃	HA	≥90		
供油总管压力	MPa	LA	≤0.2		自动启动辅泵
	MPa	HA	≥0.4		
	MPa	LLS		≤0.15	三取二
润滑油供油总管温度	℃	HA	≥55		
润滑油过滤器压差	MPa	HA	≥0.1		
填料气缸冷却水压力	MPa	LA	≤		
	MPa	HA	≥		
填料气缸冷却水温度	℃	HA	≥		
	℃	LA	≤		
水站水箱液位	％	LA	≤		

3.8 气量调节分配表

调节范围	阀状态			
	1	2	3	4
100％	⊙	⊙	⊙	⊙
50％	⊙	◯	◯	⊙
0％	◯	◯	◯	◯

注：⊙ 表示吸气阀正常工作；◯ 表示打开卸荷器。

4 异构化循环压缩机（701-K-101A/B）机组主要技术参数

4.1 压缩机工艺运行参数

项目	单位	正常工况
介质		循环氢
流量	m³/h	23046
入口压力	MPa(abs)	1.8
入口温度	℃	40
出口压力	MPa(abs)	2.4
出口温度	℃	66
分子量		7.2

4.2 型号为 2D16-24.65/18-24-BX 压缩机（对称平衡型往复式）主要技术参数

序号	项目	单位	参数值
1	级数		1
2	级别		I
3	吸入压力(气缸法兰处)	MPa(G)	1.8
4	排气压力(气缸法兰处)	MPa(G)	2.4
5	缸数/级		2
6	单或双作用(SA或DA)		DA
7	气缸内径	mm	330
8	活塞行程	mm	280
9	转速	r/min	372
10	活塞速度	m/s	2.96
11	缸套(有/无)		有
12	缸套公称厚度	mm	20
13	活塞排量	m³/min	911
14	气缸设计余隙,平均	%	20
15	容积效率,平均	%	84.11
16	进/排气阀	数量/缸	4/4
17	阀类型		网状阀
18	阀片升程,进口/出口		
19	活塞杆直径	mm	71
20	活塞杆最大允许连续负荷(压/拉)	kN	100/100
21	计算的活塞杆气体负荷(压/拉)	kN	60/42.2
22	出口安全阀设定值	MPa	2.64
23	轴功率	kW	281
24	润滑方式		气缸无油润滑、运动机构压力油润滑
25	气量调节方法		卸荷器调节
26	气量调节范围	%	0、50、100
27	旋转方向		
28	压缩机组总质量(不包括主电机)	t	13
29	最大检修质量	t	2.2

4.3 电动机主要技术参数

项目	参数值	单位
型号	YAKK710-16W	
防爆标记	EXeIICT4	
防护等级	IP54	
绝缘等级	F级	
额定功率	400	kW

续表

项目		参数值	单位
转向		逆时针（从轴伸端看）	
额定电压		10000	V
额定电流		35	A
频率		50	Hz
转速		375	r/min
电加热器	额定电压	220	V
	额定电流		A
	频率	50	Hz
	额定功率	0.8	kW
轴承润滑		油环自润滑	黏度 ISOVG46
油量			L
冷却方式		IC611(全封闭冷自通风)	
总质量		12010	kg
最大维修件质量(电机)			t

4.4 润滑油系统主要技术参数

油站：

工作介质	L-DAA150	
公称流量	40	L/min
公称压力	0.4	MPa
过滤精度	25	mm
供油温度	<45	℃
回油温度	<55	℃
冷却水耗量	4	m³/h
进水温度	33	℃
出水温度	43	℃

辅油泵：

型号	3Gr36X4	
压力	1.0	MPa
流量	80	L/min
转速	1450	r/min

辅油泵电机：

型号	YB3-100L1-4	
功率	4	kW
转速	1450	r/min
电压	380	V
防爆标记	eIIT3	

4.5 辅机系统

辅助容器：

项目	入口缓冲器	出口缓冲器	集液罐
设计压力/MPa	2.84	2.84	0.58
工作压力/MPa	2.64	2.64	0.4
设计温度/℃	100	200	100
容积/m³	0.459	0.551	0.032
主体材质	20R	20R	
规格尺寸/(mm×mm)	φ550×2325	φ600×2337	φ289×1200

软化水：和预加氢压缩机（601-K-101A/B）共用一套系统。

4.6 机组消耗指标（单台机组）

用途		电压/V	轴功率/kW	电机容量	工作方式
电	主电动机	10000	400	400	连续
	辅油泵电动机	380			间断
	水泵电动机	380			1开1备
	电机空间加热器	220		1.2	间断
用途		介质	单位	正常值	最大值	工作方式
冷却水	润滑油冷却器	循环水	m³/h	4		连续
	气缸、填料函	软化水	m³/h	7		连续
用途		介质	单位	压力 mPa	正常值	工作方式
气体	压缩机密封	氮气	m³/h	0.2~0.3		连续
	卸荷器	净化风	m³/次	0.4~0.6		间断

4.7 机组允许开机条件、报警和联锁保护系统、控制系统

机组允许开机条件：

项目	仪表位号	单位	设定值	备注
供油总管压力	701-PNS-704A/B	MPa	≥0.25	允许开机
润滑油总管温度	701-TNS-715A/B	℃	>27	
压缩机出、入口阀阀位全开	ZOSO301/302		确认	
盘车装置脱扣停止	701-ZS-701A/B		确认	
压缩机空负荷	701-SA-1A/B		确认	

机组报警、联锁项目及设定值：

项目	单位	报警、联锁限	报警值	联锁值	备注
进气过滤器压差	MPa	HA	≥0.08		
左缸进气压力	MPa	LA	≤1.0		
右缸进气压力	MPa	LA	≤1.0		
左缸排气压力	MPa	HA	≥2.6		

续表

项目	单位	报警、联锁限	报警值	联锁值	备注
右缸排气压力	MPa	HA	≥2.6		
左缸排气温度	℃	HA	≥85		
右缸排气温度	℃	HA	≥85		
压缩机主轴承温度	℃	HA	≥70		
	℃	HHA	≥75		
电机定子温度	℃	HA	≥150		
	℃	HHA	≥155		
电机主轴承温度	℃	HA	≥90		
供油总管压力	MPa	LA	≤0.2		
	MPa	HA	≥0.4		
	MPa	LLS		≤0.15	三取二
润滑油供油总管温度	℃	HA	≥55		
	℃	LA	≤27		
润滑油过滤器压差	MPa	HA	≥0.1		

辅油泵自启动：

项目	给定值	备注
润滑油压力低	≤0.15MPa	自启动辅油泵
润滑油压力高	≥0.4MPa	手动停辅油泵

4.8 气量调节分配表

调节范围	阀状态			
	1	2	3	4
100%	◯	◯	◯	◯
50%	◯	◇	◇	◯
0%	◇	◇	◇	◇

注：◯ 表示吸气阀正常工作；◇ 表示打开卸荷器。

附图

附图 1　预加氢单元工艺流程

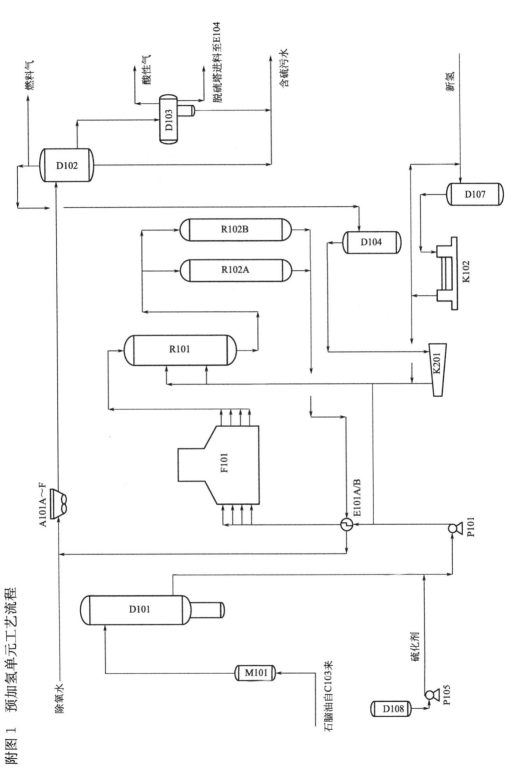

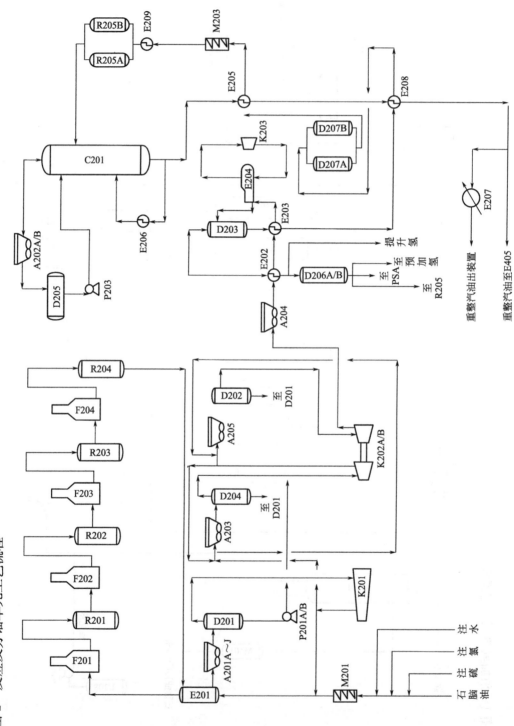

附图2 反应及分馏单元工艺流程

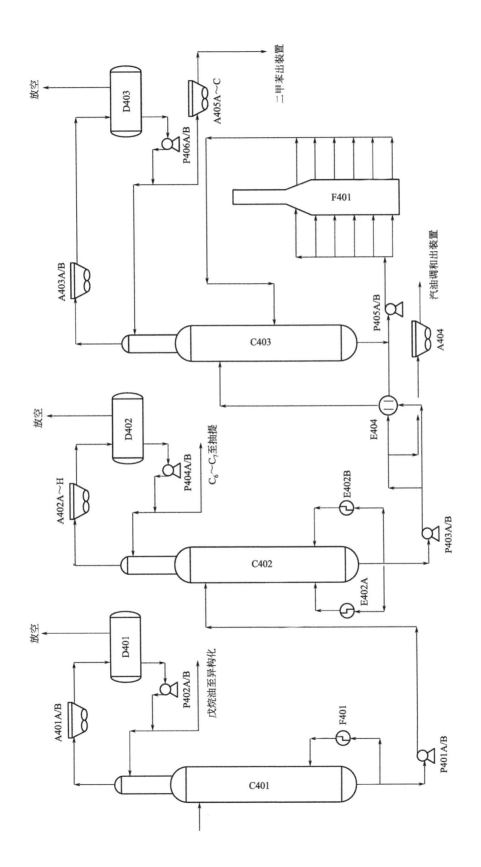

附图 3 抽提单元工艺流程

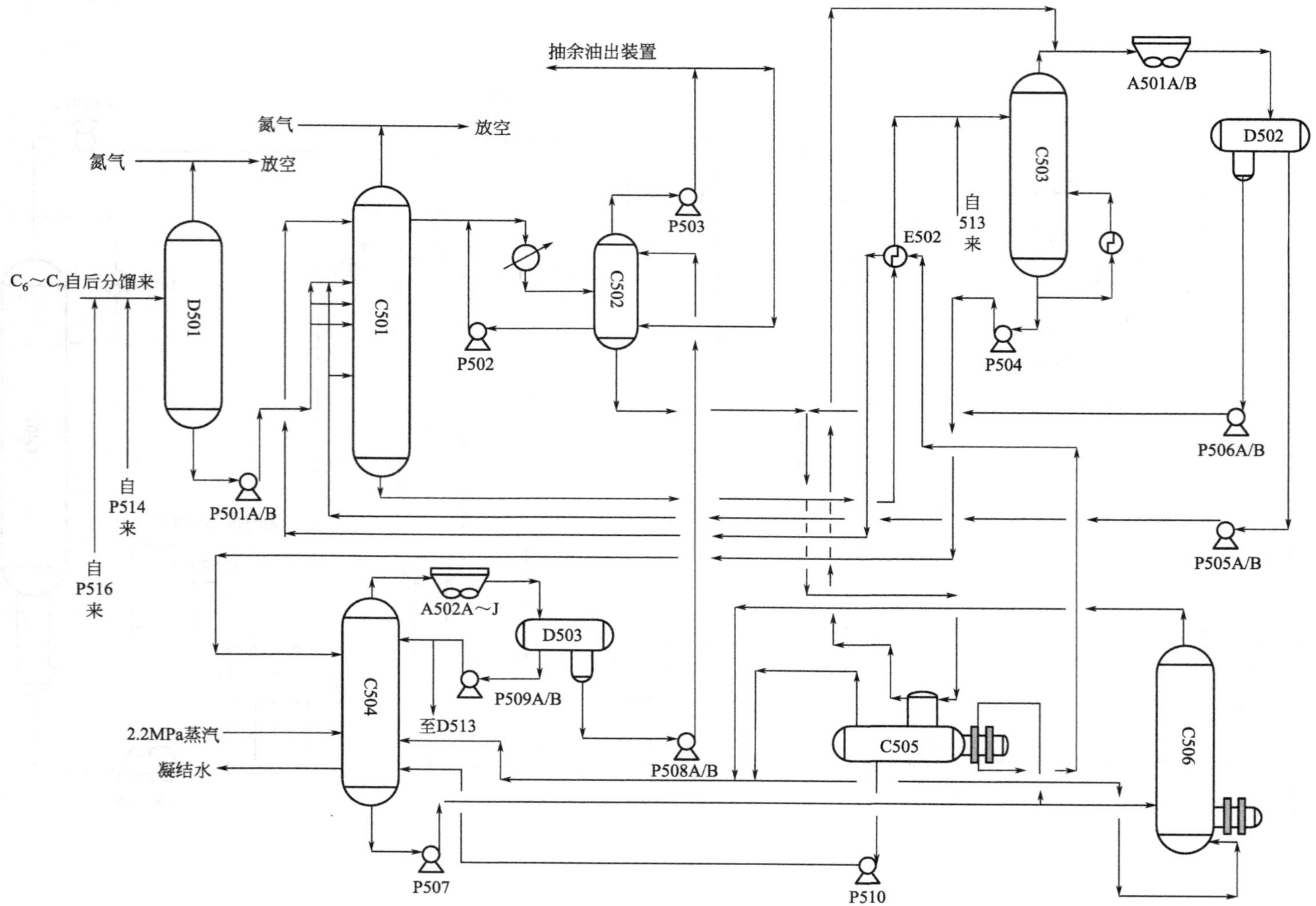

附图4 异构化单元工艺流程

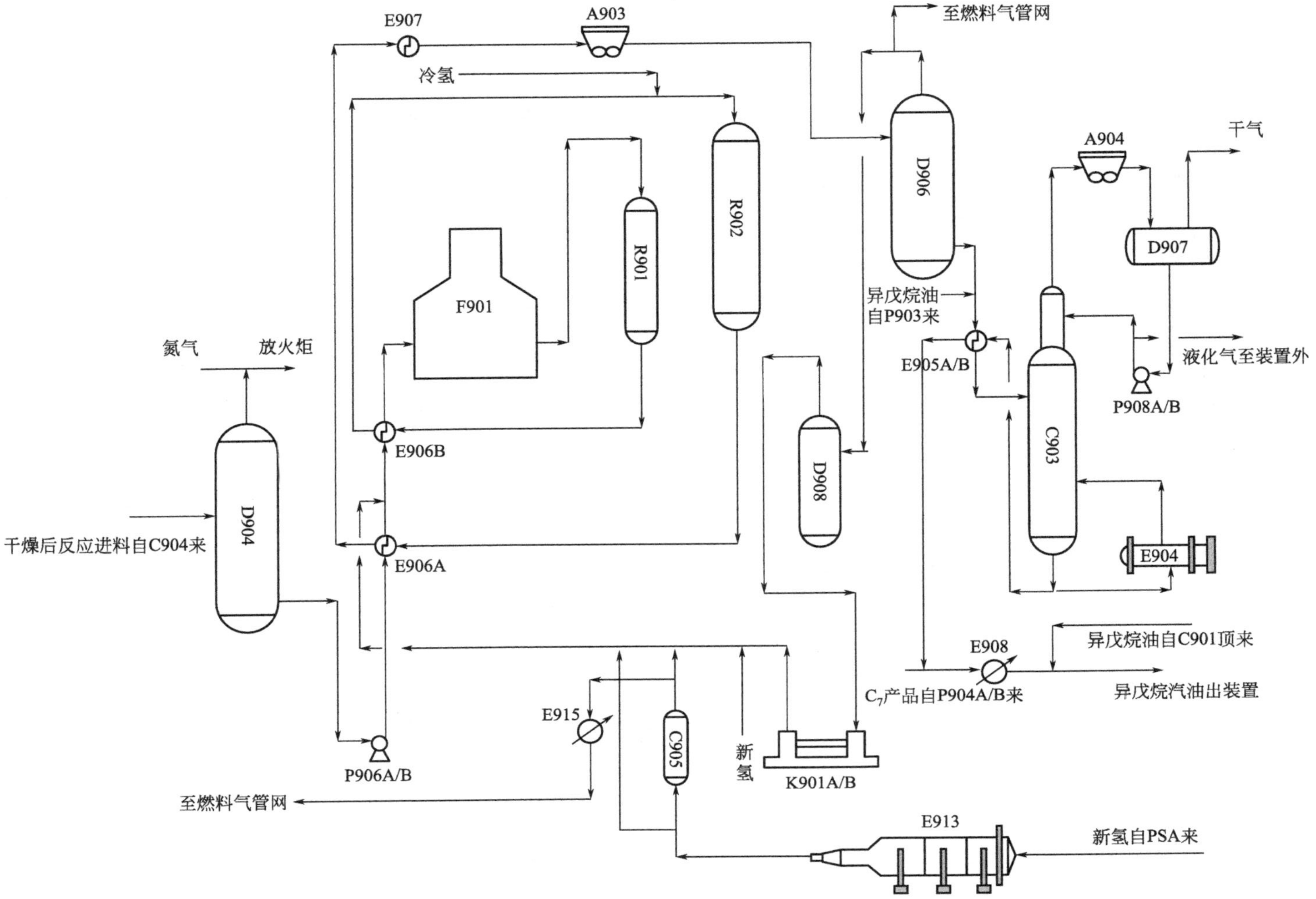

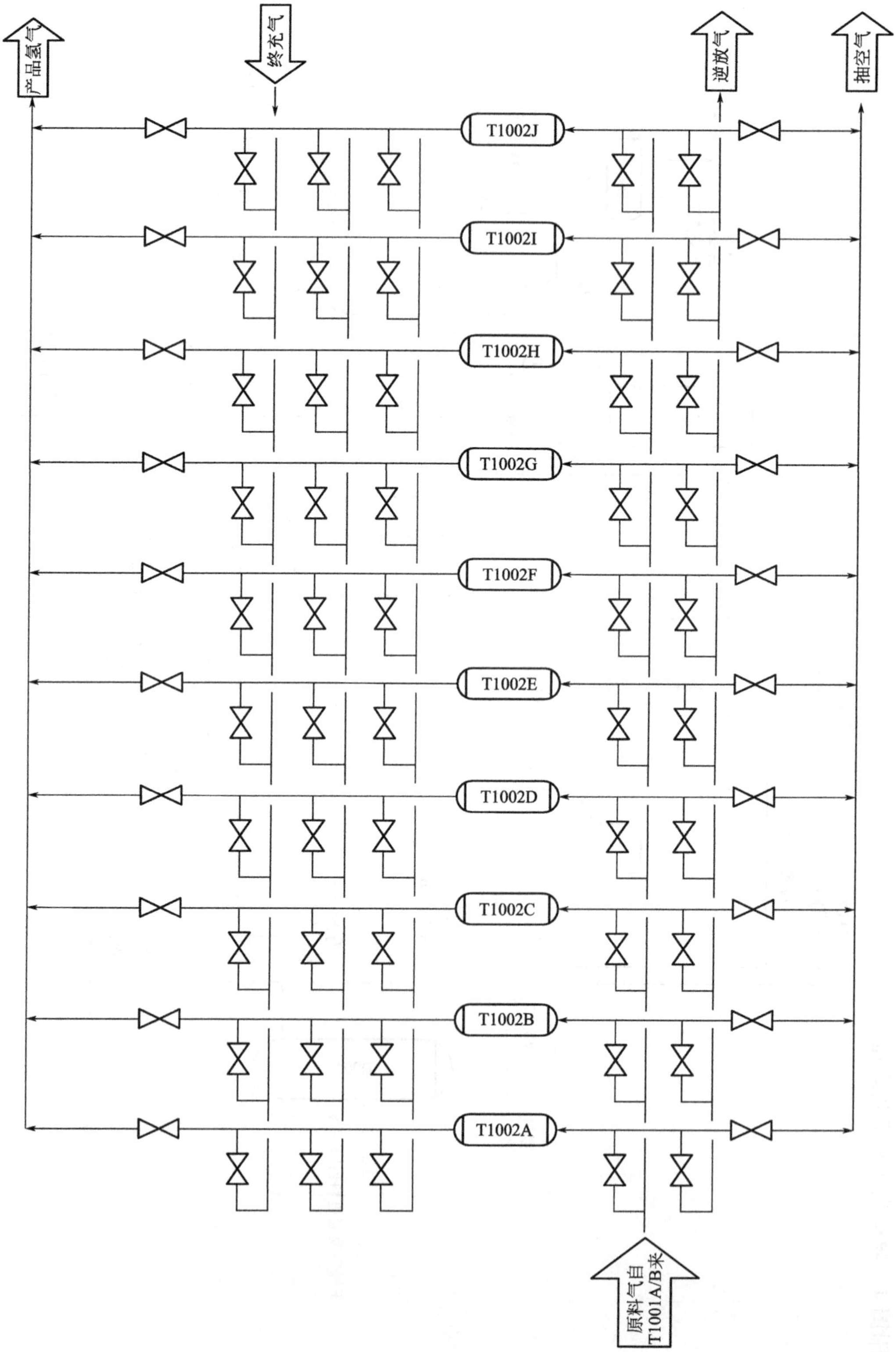

附图 5　PSA 单元工艺流程

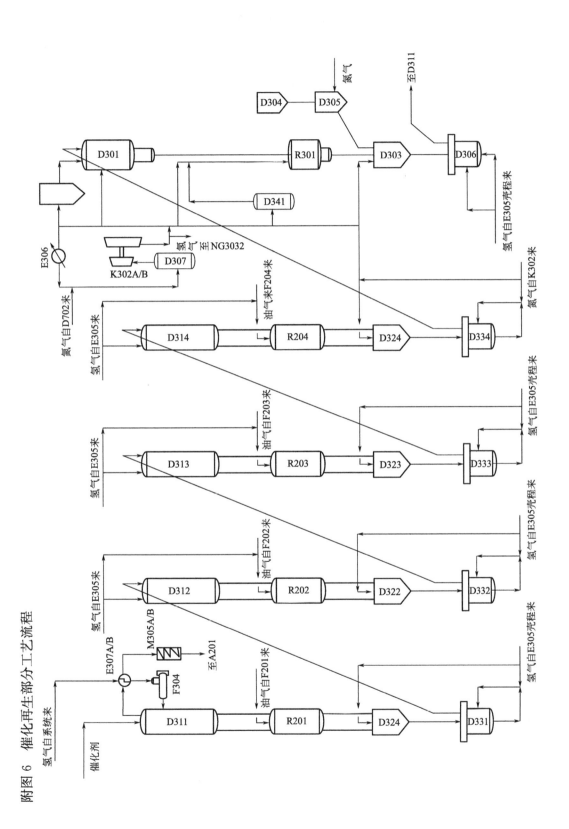

附图 6　催化再生部分工艺流程

参 考 文 献

[1] 中国石油催化重整科技情报站. 催化重整北京：中国石化出版社，2004.
[2] 董荣亮. 催化重整装置安全运行与管理. 北京：中国石化出版社，2005.
[3] 中国石油化工集团公司职工职业技能鉴定指导中心. 催化重整装置操作工. 北京：中国石化出版社，2011.
[4] 李成栋. 催化重整装置技术问答（修订版）. 北京：中国石化出版社，2010.
[5] 《盘锦浩业化工有限公司连续重整车间操作规程》.